「Arduino」ではじめる 電子工作と実験

アルドゥイーノ

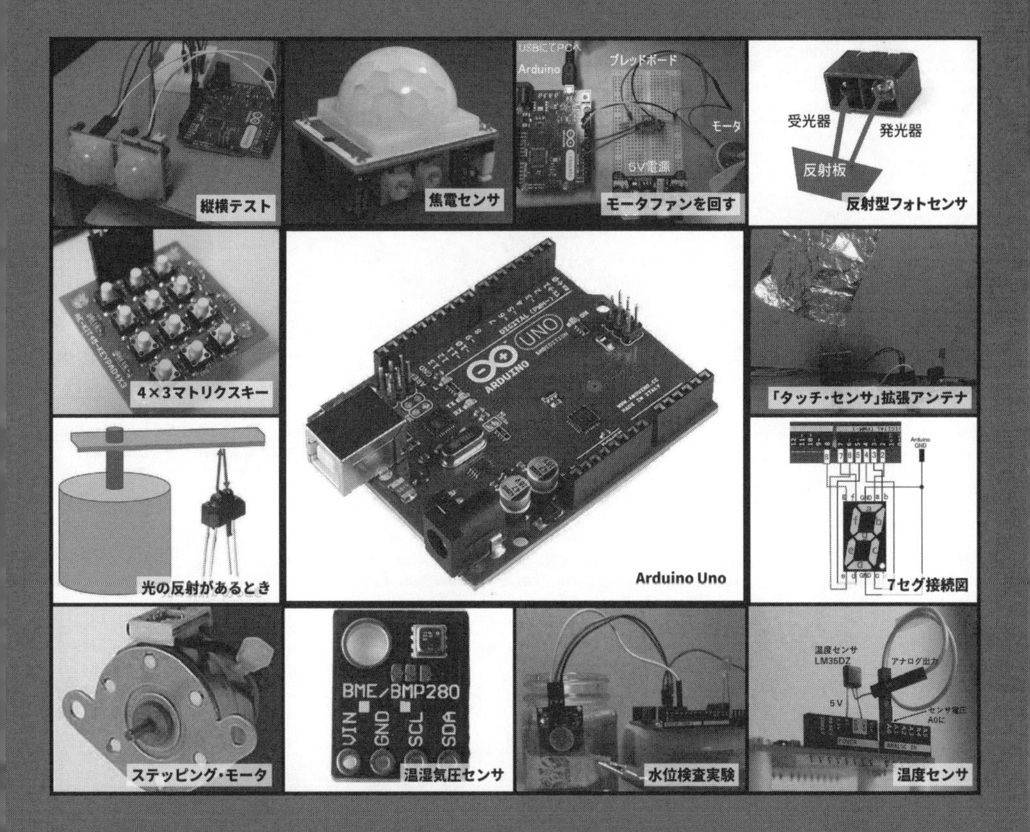

はじめに

少人数の人たちに、隔週で90分程度、「デジタル回路」や「Arduino」を使った「モータ制御」「センサ回路」の組み立てや、プログラムを教えています。

友人からの依頼ではじめたのですが、何よりも苦労したのは、時間内に組み立てられて納得でき、興味が湧くテーマを探すことでした。

それで毎回4ページ程度の資料を作り、計45回ぶん、160枚になりました。

ここでは、そのうち「Arduino」の部分を1冊にまとめています。

*

本書は、まず「センサ」や「モータ」などの原理を述べてから、非常にシンプルな動作テストをして、「わっ動いた、機能した！」と納得してもらうことに重点を置いています。

最初から長いプログラムを書いて動かしても、どこが肝心か分かりにくいからです。

そのあと、「じゃあ、ちょっと次にいってみるか」と演習に挑戦するようになっています。

また、他のデバイスも使った回路や簡略化できるソフトの例も入れて拡充を図りました。

通信販売などでは各種センサが超低価格で売られていますが、届いても仕様書も活用例もないことが多々あります。

そこで、これらのデバイスを使いやすいように、自分で調べて解説した箇所もあります。

*

最後に、今から37年前、「学生たちといろんなものを作っているので1冊にまとめたい」と思い、上京の折に突然、工学社を訪れました。

そこで偶然「社長、おられますか」と聞いた相手が、社長の星正明さんだったのです。

そうして書き上げたのが『パソコン計測・制御の実験と製作』(昭和58年刊、I/O別冊15)で、それが私の最初の本でした。

あれからずいぶん経って、再び相まみえられたことに感謝しています。

竹田　仰

「Arduino」ではじめる電子工作と実験

CONTENTS

第1章

Arduinoを使ったLEDの点滅実験

今から「Arduino」という、小型で使い勝手がよく、いろいろな制御実験に用いられているマイコンについて調べていきます。

1-1 「Arduino」の概要

「Arduino」(アルドゥイーノまたは、アルディーノ)は、ハードウェアの「Arduinoボード」と、ソフトウェアの「Arduino IDE」から構成されています。

「Arduinoボード」は、**図1-1**のように「AVRマイコン」「入出力ポート」を備えた基板のことです。

「AVR」とは、Atmel社が1996年に開発した、「8ビット・マイクロコントローラ」(制御用IC)製品群の総称です。

図1-1　Arduino_Uno外観

「Arduino IDE」はC言語風の「Arduino言語」によって、プログラムを「制作」「コンパイル」「デバッグ」し、「Arduinoボード」に転送するための、「**統合開発環境**」(IDE)です。

「IDE」は、「Integrated Development Environment」の略称で、PC上で作動させるソフトウェアです。

2005年にイタリアで5人のマイコン技術者たちが、安価で簡便なデジタル制御装置を製作、販売する「Arduinoプロジェクト」を立ち上げました。

その結果、安価でオープンなマイコンボードとその開発環境が実現して、数年のうちに全世界に広く普及しました。

*

Arduinoの「**エディション**」(edition：バージョン(世代)は同じですが構成や機能、用途、販売方法などが異なる製品)には、「Arduino UNO」が基本機能搭載されており、工作本の多くに標準品として使われています。

「Arduino LEONARDO」は、UNOの廉価版として使用されています。

CPUは「MEGA32U4」です。

「Arduino Mini」は、小型版で、「ブレッドボード」に接続することができます。

この他にも、Arduinoのエディションは数十種類以上存在します。

■「Arduino UNO」と「Leonardo」の違い

一般に、「Arduino」の工作本は「Arduino UNO」を使う前提で書かれていますが、私は最初に「Leonardo」を友人に譲ってもらってから今日までずっと「Leonardo」を使っています。

UNOとの違いをまとめてみました。

①PCとの「USBコネクタ」が小型でスッキリしてクールな感じがします。

②入出力ピン数はほぼ同じですが、「Leonardo」はソケットの側面にもピン番号やANALOG、DIGITAL、POWERなどの文字が入っているので分かりやすく、挿し間違いが少ないです(表示がプリント基板とソケットの2箇所あり)。

③「RAM」のサイズは「Arduino UNO」は2kバイトですが、「Leonardo」は2.5kバイトで、少しだけ増えています。

④「I2C」という通信回線に使うSDA、SCL端子があり便利です(UNOでは、SCLはA5、SDAはA4端子に接続)。

⑤価格は若干「Leonardo「のほうが安いようですが、Arduinoは「オープンソース・ハードウェア」で回路図も「クリエイティブ・コモンズ」で公開されています。

そのため、Arduinoという名前を使わないことを条件に、誰でもクローンを作り、販売できます。

したがって、価格はあまり意味がないように思えます。

⑥これまで、まず「Leonard」で実験して「UNO」でも確認してきましたが、割り付けのピン番号が異なることはあったものの、上手くいかなかった例はありませんでした。

■「Arduino Leonardo」の仕様

今回使う**図1-2**の「Arduino Leonardo」について仕様を見ておきましょう。

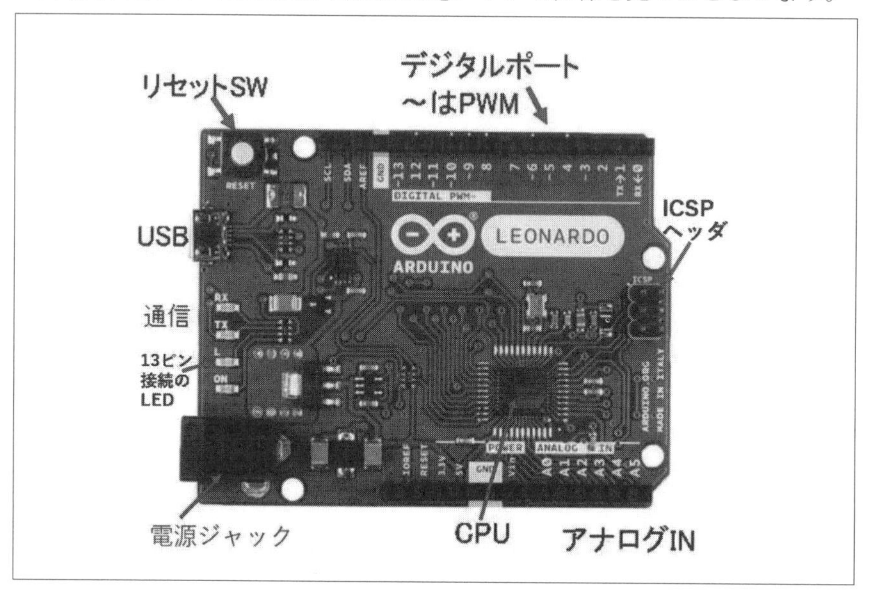

図1-2 「Leonardo」の構成

「AT mega32u4チップ」を搭載したマイコンボードです。

デジタル入出力ピンが20ピン(そのうち7つはPWM出力が可能。12のアナログ入力も可能)。

マイクロUSB接続やリセットボタンがある。

「マイクロ・コントローラ」を動かすのに必要なものをすべて備えており、ケーブルでパソコンと接続するかバッテリかACアダプタで電源を投入すればすぐに動作できます。

「Arduino Leonardo」が今までのArduinoボードと異なるのは、**「ATmega32u4チップ」**が「USB通信機能」を内蔵しているため、「シリアル通信」用のマイコンが搭載されていないことです。

これによって、マウスやキーボードのようにパソコンと接続することができ、

「仮想的な(CDC)シリアル/COMポート」としてパソコンに認識されます。

ボードに「L」と印字されたLEDがあり、デジタル13ピンと接続されています。(13ピンのON/OFFが反映される)。

また、「ICSPヘッダ」によって、Arduinoを書き込み装置として利用可能です。

表1-1 ATmega32u4(マイコン)での内容

動作電圧	5V
入力電圧(推奨)	7-12V
入力電圧(限界)	6-20V
デジタル入出力ピン	20
PWMチャネル	7
アナログ入力チャネル	12
I/Oピンでの直流電流	40mA
3.3Vピンでの直流電流	50mA ※1
Flashメモリ	32KB (ATmega32u4) ※2
EEPROM	1KB (ATmega32u4)
クロック速度	16MHz

※1 合計500mAがUSBに供給されると接続を自動的に遮断します。

※2 4KBはブートローダで使用

1-2 ArduinoとPCの接続から編集、転送まで

図1-3のように、USBケーブルを使ってPCとArduinoボードをつなぎます。

図1-3　ArduinoとPC接続

PCと「Arduino Leonardo」をつなぐのは、「マイクロUSB Type-B」です。

図1-4に示します。

Arduino UNOとも違いますし、似たような規格品がありますから、気を付けてください。

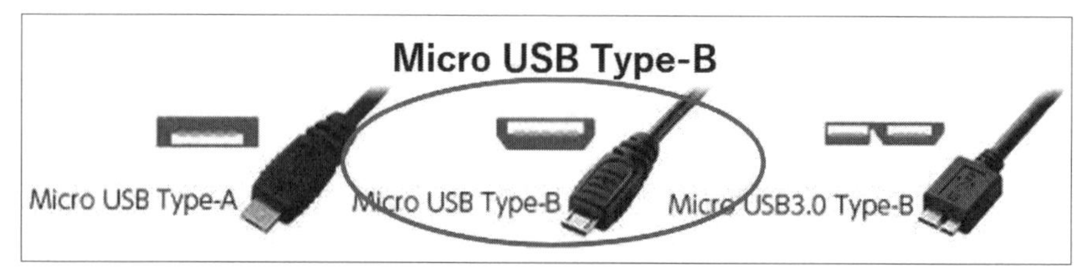

図1-4　マイクロUSB Type—B

PC上のデスクトップにはすでに「Arduino IDE」がインストールされているので、図1-5に示す「ロゴマーク」(Arduinoのアイコン)をクリックします。

> [注意]
> 本書では、「Arduino IDE」がすでにインストールされている前提で進めています。
> インストール方法については各自で検索してください。

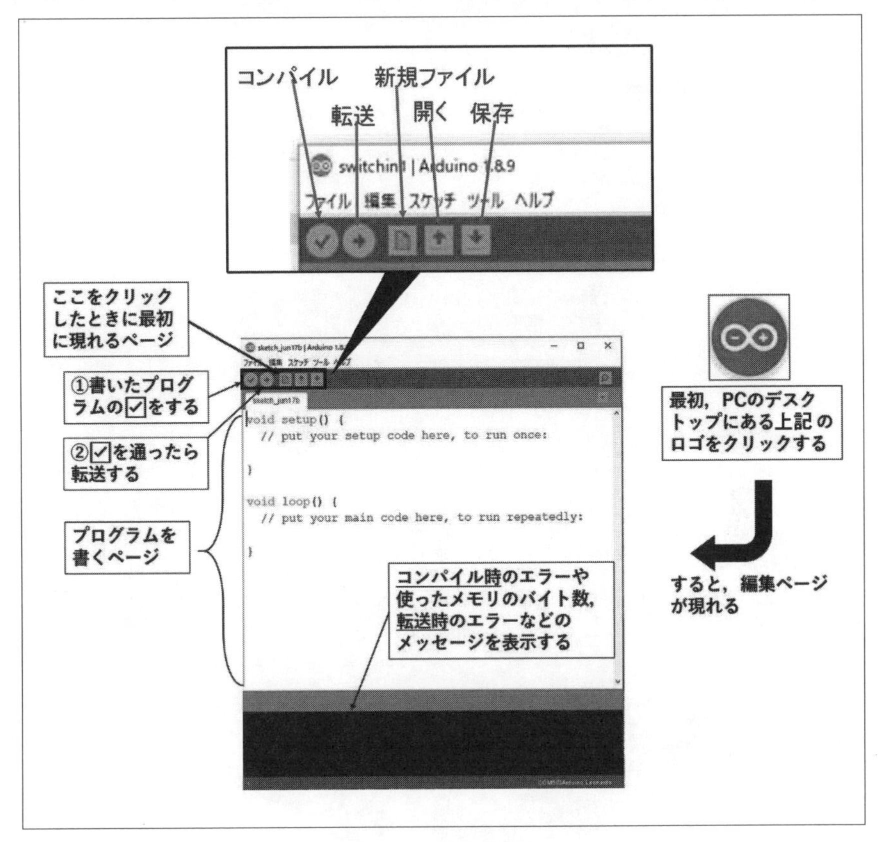

図1-5 最初の手続き

すると、プログラムできる画面が現われます。

ここに、プログラムを書いていきます。

＊

その前に、PCと「Arduino Leonardo」が通信できる状態に、本当に接続できたかチェックしてみましょう。

まず、カーソルを「ツール」に持っていきクリックします。

すると**図1-6**のようにメニュー画面が出るので、「Arduino Leonardo」に●印がついていればLeonardoボードと正式につながっています。

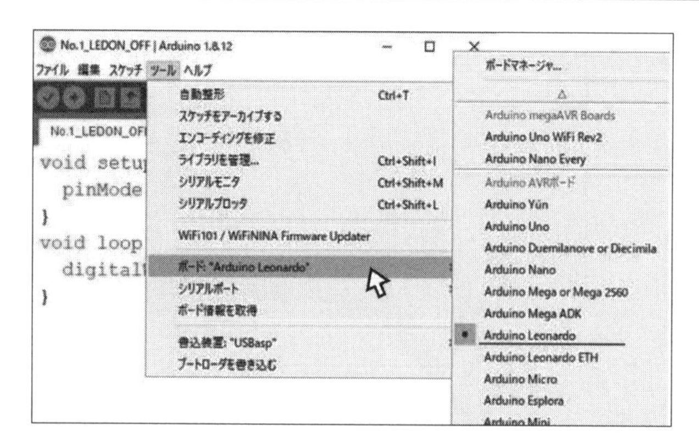

図1-6 「Arduinoボード」の確認

もし、そうでないなら自分のボードに合わせて選択し、クリックしてください。

＊

次に、PCのどの通信端子につながっているかをチェックしましょう。

[1] 図1-7のように、「ツール」をクリックします。

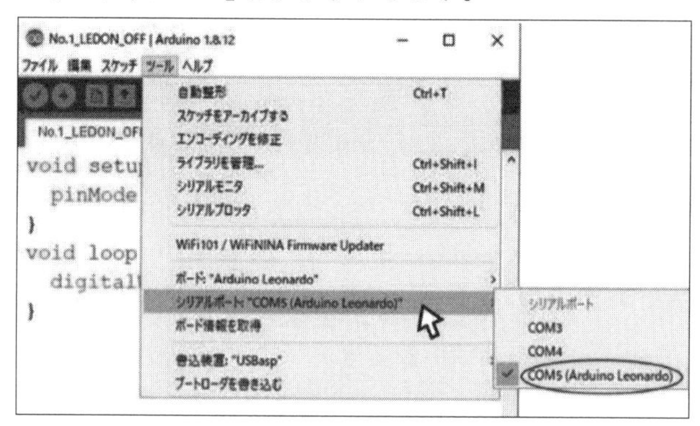

図1-7 「Arduinoポート」の確認

[2] ここで、シリアルポート「COM5」(Arduino Leonardo)と表示されていたら大丈夫です。

[3] 念のため、ここをクリックすると「COM5」(Arduino Leonardo)に☑が付くので、上手くつながったのを確認して、閉じてください。

※ここにボードの名前が出ず、単に「COM5」としか出なかったら、プログラム転送時に上手くいかない可能性があります。
　一度USB端子を外して再挿入するとか、USBを他の端子に入れ替えるとか、過去に作った「スケッチ」をわざと呼んでみる、とかしてみてください。

■「スケッチ」を書く

いよいよ、プログラムを書いていきます。
プログラムのことを「スケッチ」と言います。
書き終わったら間違いがないか確かめてください。

そして、☑をクリックして無事にエラーなく終わる(「コンパイルできた」と言う)と、「➡」印を押して「Arduino ボード」にプログラムを転送します。

すると、Leonardoのボード上にある小さなLEDの「TX」「RX」が“チカチカ”点滅します。
これは書いたプログラムをボードに送っている最中であるということです。
点滅が終わったらプログラムが走りだします。

＊

たとえば、LEDを点灯するという実験をしたければ、**図1-8**のように、ArduinoのDIGITAL端子10番ピンと「GND」に「抵抗付きのLED」を接続しておきます。

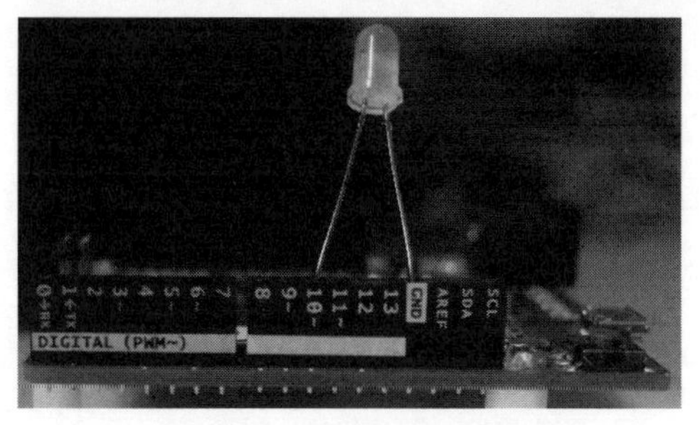

図1-8　Arduinoの端子にLED装着

[注意]
　LEDには極性があります。
　足の長いほうが「＋側」(電気が流れてくる側)で、短いほうが「GND側」(電気がアースに出ていく側)です。
　ここでは、10番ピンのほうが、足が長いほうです。

[演習1]

Arduinoの10番ピンとGNDにLEDを挿し込みます。

そこで、LEDを点灯させるプログラムを作って、実際に点灯させてみましょう。

*

IDEを起動させると、初期画面が現われます。

このとき、閉じる前に作ったスケッチが出てきます。

新規に始めたいなら、"メモ帳の右上が折れ曲がったようなアイコン"をクリックすると、新規に新しい編集画面が開きます。

ところが、まっさらな白紙の画面かと思ったら、何やら書いてあります。

上のほうの「void setup(){ 」の下には、「//」マークがあり、「ここにコードを書くと一回だけ実行」というコメントがあります。

また、下のほうの「void loop(){ 」には「メインコードをここに書くと繰り返し実行」とあります。

邪魔になると思うなら、この2つを消してスッキリさせるのがいいでしょう。

*

さて、ここから「スケッチ」(プログラム)を書いていきます。

冒頭から、この3行を書いてください。

```
void setup() {
  pinMode(10,OUTPUT);
}
```

[注意]

大文字、小文字の区別があり、「M」のように大文字のところは、大文字で書きます。

「OUTPUT」のように全部大文字のものもあります。

文の終わりにはセミコロン「;」が必要です。

「setup()」は、()の中に何も書いてなくても必要です。

()のマークは関数であることを意味しています。

また、{…}の大カッコは束ねる意味があります。

カッコが増えてきたら、分からなくなります。

そのときは、初めの意味の { の数と、終わりの意味の } の数が同じかチェックしてください。

最初のうちによくするミスです。

ここで、「void」は「**戻り値**」が「ない」ことを意味します。

関数は「( )」に引数を入れて、それを加工して出来たものを「戻り値」として返すことがあります。

「void」とは、それがないことを宣言しているのです。

「setup()」という関数は、これからプログラムを稼働させるにあたって設定しておきたい重要事項を記述するところです。

一度だけ実行されます。

何を設定するかというと、ここでは“「pinMode (…)」関数によって、Arduinoの10番ピンを「出力モード」で使う”ということの手続きです。

スイッチなどの情報を入力したいなら「INPUT」とします。

よく使う「関数」や「記号」は正しく書くと文字の色が変わります。

スペルチェックの役目もしています。

複数行にわたってコメントとしたいときは、「/* …… */」と書きます。

2つの記号に挟まれた区間は無視されます。

「loop()」という関数は、繰り返し実行される関数で、{…}の中がループして回っています。

```
void loop() {
  digitalWrite(10, HIGH);
}
```

ここには、実際に稼働させる内容を書きます。

たとえば、“LEDがしばらく点灯し、しばらく消える”というプログラムを書き実行すると、LEDは点灯と消灯を繰り返し続けます。

いつまで経っても終わらないので、PCとArduinoのUSBの接続を外す(Arduinoの電源を落とす)ことになりますが、面白いことに「スケッチ」の内容はUSBメモリのように記憶されているので、電源が入ると再び先ほどの内容を繰り返します。

「digitalWrite(10、HIGH);」はデジタル出力を行う関数で、10番ピンに「HIGH」、つまり高い電圧「5V」を出力します。

これで、LEDは点灯します。
文の終わりにはセミコロン「;」が必要です。

＊

最終的に、打ち込んだ内容は**図1-9**のようになりました。

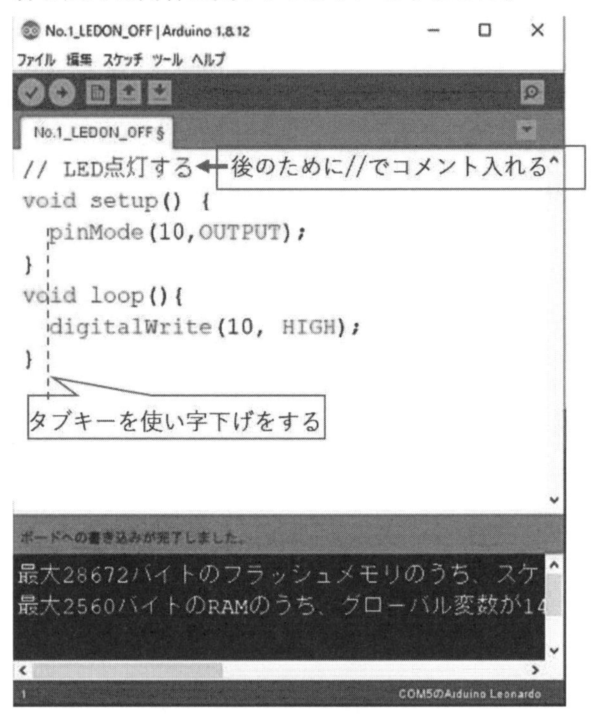

図1-9 スケッチ書き方

関数の中では、「タブ・キー」を使って「字下げ」をします。
ここでは「pinMode」や「digitlWrite」などです。
さらにこの配下になるような文が出てきたら「タブ・キー」で一段下げます。

新規にスケッチにプログラムを書いて実行しようとすると、保存のため「ファイル名」を入力するよう聞いてきます(無視したら、保存されません)。

※コンパイルが上手くいかず修正に修正を重ねていると、後でファイル名と内容が異なっていたりして、ファイル管理が難しくなります。

　また、日本語入力ができませんからよけいに面倒です。
　最初からルールを決めて保存することをお勧めします。

　ファイルを開けても意味が分からないこともあるので、冒頭の「//」の後に内容が分かるようなコメントをつけておきましょう。

[演習2]

LEDを消灯させるプログラムはどうなりますか。

(ヒント)

「digitalWrite(10、HIGH);　　HIGH」を変えればいいですね！
HIGHの反対は？

　HIGHのときに、10ピンにどのくらいの電圧が出ているかをオシログラフで測ってみると、ほぼ5Vでした。
　これにLEDを付けて点灯させると4.64Vに電圧がダウンします。
　しかしLOWにした場合は、何も端子にぶら下がってなければ「80mV」でした。
　以下にスケッチを示します。

LED OFFに

```
void setup() {
  pinMode(10,OUTPUT);
}
void loop(){
  digitalWrite(10, LOW);
}
```

[演習3]

LEDを点滅させるプログラムを作ってみましょう。

「演習1」でLEDを点灯することができ、「演習2」で点いたLEDを消すことができました。

これを順番に繰り返せば、「点滅プログラム」ができそうですね。

しかし、「点灯→消灯→点灯」とすると、点灯したらすぐ消え、消したらすぐ点くことを猛スピードで繰り返します。

オシロで見ると、1周期が「10.5μs」の「矩形波」となり、周波数でみると「95kHz」で点いたり消えたりの繰り返しです。

したがって、人の目には「点灯している」と見えます。

つまり、4.6Vの「HIGH」の電圧を、ONとOFFが50%の比率ですから、「4.6V×50%＝2.3V」くらいの明るさで点灯しているようなものです。

そこで、「しばらく」の意味で「delay（秒数）；」という関数を使います。

たとえば、「delay（1000）；」と書くと、「1000ms（1秒）」ここで足踏みします（時間稼ぎ）。

＊

以下にスケッチを示します。

冒頭に「setup（）関数」忘れずに！

LED点滅実験

```
void setup() {
     pinMode(10,OUTPUT);  //10ピン出力モードに
}
void loop() {
      digitalWrite(10,HIGH);  //10ピンHIGHに
      delay(2000);             //2秒時間稼ぎ

    digitalWrite(10,LOW);      //10ピンLOWに
    delay(2000);               //2秒時間稼ぎ
}
```

[演習4]

「delay()」の中に数を直接書く場合、たとえば1000から3000に変えようと思うと2箇所変更が必要ですね。

「delay（k）；」として、どこかで「k＝1000；」と書くと、どういうプログラムになるでしょうか。

たとえば、「変数k」を使うとすると、「k」という箱はどんなタイプで、どのくらいの大きさの数が入るのか、という宣言を先にする必要があります。

当然、ここではkは「整数」(integer)の意味で「int k;」と書きます。
さらに、「引き延ばし時間2500」を入れたければ、「int k = 2500;」と書きます。

これを冒頭に書いておきます。
すると、「setup()城」からも「loop()城」からも見ることができて便利です。

お城(関数)は周囲をぐるりと「塀」で覆われて、外から知らない者が簡単に入れないようにしています。
「{…}」はそのお城の「塀の範囲」を示しています。
ところが、上空は開いていますから、冒頭に掲げた「板」の「int k = 2500；」は見えるのです。

試しに、「const int LedPin = 10;」と「int k = 2500;」を「void setup()」の関数の中に入れてコンパイルすると、「loop()関数」から「LedPin」や「k」が見当たらないとエラーメッセージが出ます。

constとintの使い方

```
const int LedPin = 10;
int k = 2500;

void setup() {
  pinMode(LedPin,OUTPUT);
}
void loop() {
  digitalWrite(LedPin,HIGH);
```

```
  delay(k);
  digitalWrite(LedPin,LOW);
  delay(k);
}
```

Arduinoのリファレンスにも、次のように書いてあります。

> グローバル(大域的)変数はすべての関数から見えます。
> ローカル(局所的)変数は、それが宣言された関数の中でのみ見ることができます。

Arduinoでは、「setup」や「loop」といった「関数の外側」で宣言された変数は、「グローバル変数」となります。

プログラムが大きく複雑になるほど、関数外からアクセスできない「ローカル変数」の存在が重要となります。

他の関数が使っている変数をうっかり変更してしまうようなミスを、防ぐことができるわけです。

関数だけでなく、「forループ」で使う変数にも「スコープ」(参照できる範囲)は適用されます。

「for文」で宣言した変数は、その関数のカッコ内でのみ使用可能です。

「Arduino Uno」や「Leonardo」では2バイトを使って格納されます。

よって値の範囲は「-32768」から「32767」までとなります。

「const int LedPin = 10;」も同様に、「LedPin」という変数を「int型」(整数型)として扱い、「最初に10を入れておきますよ」となります。

しかもconstとあるので、kの中身をプログラムの途中で11にしたり9にしたり値を変えてはいけないよ、と宣言しています。

これはLEDのピン端子ですから、値が変わるとピン端子が変わることになります。

[演習5]

今度は赤色LEDがしばらく点灯し、それが終わったら青色LEDがしばらく点灯する、というように「交互に点滅するプログラム」を作ってみましょう。

LED実験ではLEDを「Leonardo」のソケットに直接挿し込むので簡単でした。

ところがLEDが2つになると、「＋側」は10ピンと11ピンと使えそうですが、DIGITAL側には「GND」が1つしかありません。

そこで、今後のことを考え、**図1-10**にあるように「ブレッドボード用ジャンパーワイヤ(オスーメス)」を購入しておいたほうが何かと便利と思います。

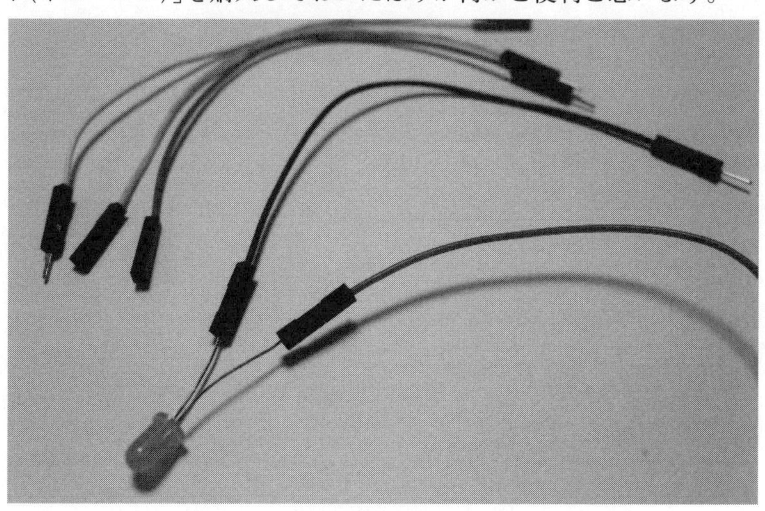

図1-10　ジャンパーワイヤ(オスーメス)

このワイヤがあれば「5V」と「GND」、それと信号線7ピンなどに簡単に接続できます。

ここではLEDもつながっているので、「GND」も「+5V」も反対側の「POWERグループ」から取っています。

constとintの使い方2

```
const int LedPin = 10;       //赤色LED
const int LedPin2 = 7;       //緑色LED
int k = 2500;               //時間稼ぎ2.5秒

void setup() {
  pinMode(LedPin,OUTPUT);    //10ピンを出力モード
  pinMode(LedPin2,OUTPUT);   //7ピンを出力モード
}
void loop() {
  digitalWrite(LedPin, HIGH);      //赤点灯
  digitalWrite(LedPin2, LOW);      //緑消灯
  delay(k);                       //2.5秒待機
  digitalWrite(LedPin, LOW);       //赤消灯
  digitalWrite(LedPin2, HIGH);     //緑点灯
  delay(k);                       //2.5秒待機
}
```

■補足

「Leonardo」のボードを、プラスティックのネジとスペーサ(**図1-11**)を使って高床式に持ち上げました。

図1-12に示すように、安全で持ち運びにも便利です。

ボードの裏面を見ると分かりますが、半田面がそのままむき出しになっているので誤って金属の上に置いたらショートする可能性があります。

段ボールを12×10cmに切って、4本の「六角スペーサ」を下からネジ止めしています。

さらに段ボールには両面テープを剥がして数ヶ所貼っているので、USBケーブルの外力の影響を受けにくく安定した姿勢を保持しています。

「Leonardoボード」の横には「ブレッドボード」を両面テープで貼り付けています

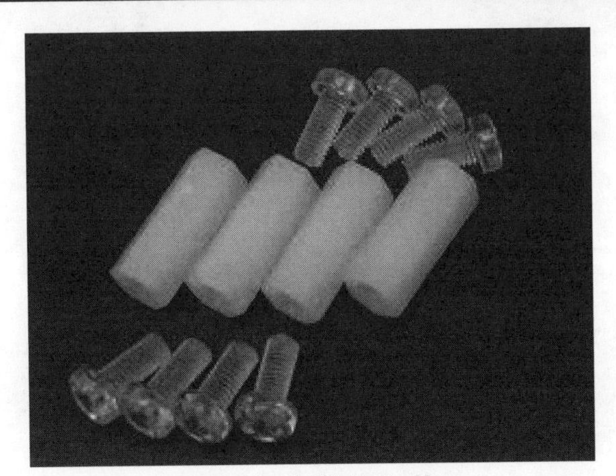

図1-11　ネジとスペーサ

図1-12　マイボードの工夫

第2章 結果を表示する方法と「繰り返し文」

「Arduino」を使って「3＋5＝8」の計算を表示するには、どうしたらいいでしょうか。

検索しても、なかなか「画面表示の方法」は書いてありません。

これが分からないと、「温度センサ」を使って部屋の温度を画面に表わすにも困ってしまいますね。

2-1 「hello everybody」と表示してみよう

一般的に、「C言語」なら、

```
printf("hello everybody¥n");
```

と書きます。

「printf ()」は「印刷する」、あるいは「表示する」という関数で、「"……"」内の文字をそのまま表示します。

「¥n」は特殊記号で(これで一文字です)改行することを意味します。

Arduinoでは「,Serial.print("hello everybody¥n")；」とします。

＊

まず、次のプログラムを打ち込みましょう。

「hello everybody」と表示する？

```
void setup() {
}

void loop() {
  Serial.print("hello everybody¥n");
  delay(5000);
}
```

上記のプログラムをコンパイルして、実行しても何の表示も出ません。
そこで、矢印のマークをクリックしてください。

図2-1　矢印のマークをクリック

すると、下記の図のように「もう一つの画面」が現われて、「hello everybody」の文字が5秒ごとに出てきます。

クリックした「虫メガネマーク」は、「シリアル・モニタ」を動作させます。

「シリアル・モニタ」は、Arduinoとコンピュータや他のデバイスとの通信に使われ、データの送受信やプログラムのデバックなどにも使われます。

シリアル通信は、USB経由で「D0、D1ピン」で通信し、PC側に表示データを送ります。

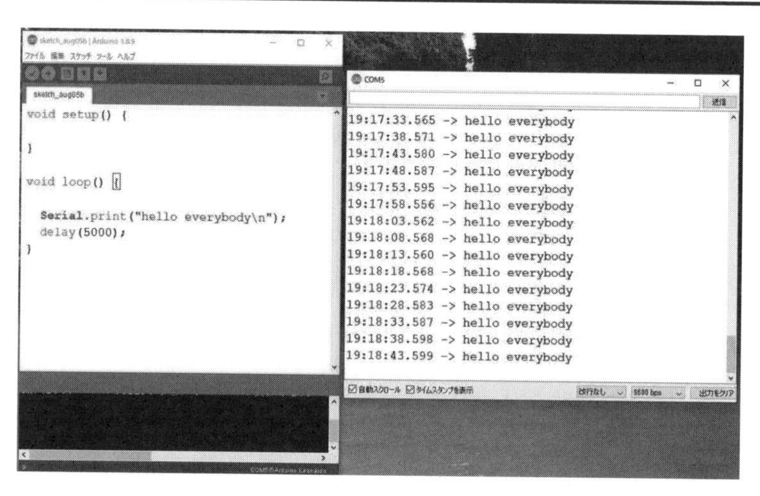

図2-2 「print文」の表示

[演習1]

図2-1のスケッチの「Serial.print("hello everybody¥n");」を、

①「Serial.print("好きなことを書いてみよう¥n");」と変えて実行してみよう。

②「Serial.println("hello everybody¥n");」のように「ln」を加えて、「¥n」を削除してみよう。

「Serial.print( )」は改行せず、「Serial.println( )」は改行しましたね。

2-2　「a+b」の演算をする

[演習2]

変数「a」に数字の「3」を、変数「b」に数字の「5」を入れます。
「a＋b」の演算をして、答えが「3＋5＝8」となるようにしましょう。

[ヒント]
変数「a」と「b」の箱には、「整数しか入れてはいけない」と書く必要があります。
　これは「int a, b；」でした。
　変数「a」も「b」もint型（整数型）ですよ、という宣言です。

「a+b」の演算

```
int a,b,c;
void setup() {
   Serial.begin(9600);
}

void loop() {
  a = 3;
  b = 5;
  c = a + b;

  Serial.print(a);              ①
  Serial.print('+');            ②
  Serial.print(b,DEC);          ③
  Serial.print('=');            ④
  Serial.println(c,DEC);        ⑤
  delay(5000);
}
```

[プログラム解説]

①Serial.print(a,DEC);
　改行しません。
　変数「a」の中身を「DEC」（10進数）で、「3」と表示します。
　「DEC」は明示しなくてもかまいません。
　「DEC」がなかった場合、普通の10進数で表示します。

②Serial.print('+');

改行せず、文字「+」が出ます。

これで「3+」と表示されます。

③Serial.print(b);

改行せず、変数「b」の中身「5」を「DEC」(10進数)表示。

これで「3＋5」となります。

④Serial.print('=');

改行せず、文字「=」が表示されます。

これで「3＋5＝」と表示されます。

⑤Serial.println(c);

「ln」が付いているため、改行します。

変数「c」の中身「8」を出して「3＋5＝8」と表示します。

この後、改行します。

5秒経つと、また同じことを繰り返します。

実際の表示を示します。

図2-3 「演習2」の表示

実行してみると分かりますが、5秒おきにこの表示が延々と現われます。

制御用のためか、プログラムにも終了を示す関数が書いてないので、C言語と比べて、「計算」や「数値」などを表示するのは、あまり得意ではありません。

「Serial.print()」と「Serial.println()」の違いが分かりましたか？

表示は、シリアル通信を介して行ないます。

2-3　「3つの変数」を表示してみよう

[演習3]

このスケッチを表示すると、どう表示されるか推測してみましょう。

「3つの変数」の表示

```
float Pressure = 1003.22;
float Humidity = 45.47;
float Temperature = 29.95;

void setup(){
}
void loop() {
  Serial.print(Pressure); Serial.print(" mb  ");
  Serial.print(Humidity); Serial.print(" %  ");
  Serial.print(Temperature); Serial.println(" *C");

  delay(3000);
}
```

表示したい3つの変数は、小数点がついた「浮動小数点型」です。

まず、気圧の「1003.22」と出て、改行なく1つ空いて「mb」、2つ空いて……と、「*C」まで横に並びます。

この後、初めて改行します。

”_mb_”のように、文字を開けた分が表示に反映されます。

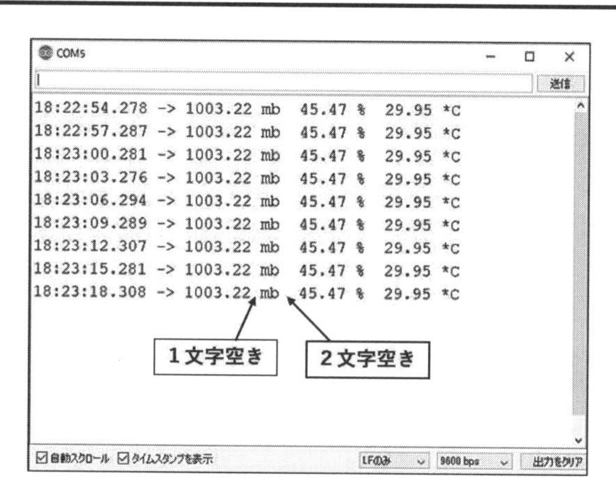

図2-4 「演習3」の表示

＊

一般に、通信速度は「9600 b/s [bit/sec]」です。
これは、「1秒間に9600ビット送れる」ということです。

通信速度を変えるには、「Serial.begin(19200);」のように指示します。
9600に比べて速度が速くなります。

9600を変える場合は「setup ()」内で宣言してください。
ないときはデフォルト値が「9600」となっています。

2-4 LED照明の「調光」をする

[演習4]

「LED」の長い端子を「10番ピン」、短い端子を「GND」に差し込みます。
ソフトウェアでLED照明の「調光」(明るさ変更)をしてみましょう。

調光には、「PWM (パルス幅変調) 方式」というのがあります。
周期を一定にし、「ON」と「OFF」の割合を変えて、平均化した電圧で明るさを変える方式です。

```
analogWrite(10,127);
```

このように書きます。

これは、「10番ピンにデータ127を出せ」となります。

パルス幅が「ON/OFF」半々で、平均電圧が「2.5V」くらいの出力が出るので、半分くらいの明るさの輝きとなります。

「第2引数」(関数のカッコの中の左から2番目の値)は、「0〜255」までの値が入ります。

「0」が「0V」に、「255」が「5V」に相当します

よって、電圧を「V」ボルト出したいのであれば、
その数値「n」は、

$$n = 255 \div 5 \times V = 51 \times V$$

となります。

[例]

「3V」を出したければ、「51×3=153」となり、第2引数には「153」と入れる。

※ただし,ピン端子は「〜」のマークが書いてあるピンだけです！

以下の<PROG1>を見てください。

<PROG1>

```
// LED pwm
const int pin = 10;          ①
void setup() {
                             ②
}

void loop() {
  int pwm = 135;
  analogWrite(pin, pwm);     ③
    delay(10000);
}
```

[プログラム解説]

①const int pin=10;

「pin」と言う整数が入る変数を用意して、中に数値「10」を入れます。

この10という数値は、「const」という修飾子があるため、初期化はできますが、別の値に変えることはできません。

変更するようなプログラムを書くと、コンパイル時にエラーメッセージが出ます。

②ここに、「pinMode(pin, OUTPUT);」と書きたいところですが、「analogWrite()」の前に「pinMode()」を呼び出してピンを出力にを設定する必要はありません。

③analogWrite(pin,pwm);

10番ピンに「135」の数値を出します。

これは、「平均約3V程度」のパルス電圧波形となります。

この後、10秒おいてからループを繰り返します。

この間に、「int pwm=135」の値を「0～255」の好きな値に変えて、コンパイルして、転送します。

LEDの「明るさの具合」を見てください。

「0」が最も暗くて、「255」が最高の明るさです。

2-5 LED照明をだんだん暗くする

[演習5]

LEDの光がだんだん暗くなるように、段階的に変更するプログラムを考えてみましょう。

<PROG2>

```
//LED PWM 255－＞0
const int pin = 10;
void setup() {
}

void loop() {
  int pwm;
  for(pwm = 255; pwm > 0; pwm--){
    analogWrite(pin, pwm);
    delay(20);
  }
}
```

<PROG1>の中にある「analogWrite(pin,pwm);」の「pwm」を「255～0」に下げることで演習5を実現できます。

ループを回るたびに「pwm」を下げるには**「for文」**を使います。

たとえば、下記のように書けば、「k＝255→254→253･･･3→2→1」のように、変数「k」が「255」から「1」まで1つずつ下がっていきます。

```
for(k=255; k>1 ;k--)
```

「k++」はkが「1つずつ増える」、

「k--」はkが「1つずつ減る」ことを意味します。

「k>1」は「kの値が1より大きければ文を実行する」、という意味です。

このままでは変化が速すぎて、暗くなるのが分かりにくいので、最後に**「delay()」**を入れます。

「for文」を使っていますが、2つの文「analogWrite;」と「delay(20)」の2つの文を実行させています。

そのため、2文まとめて回すために{……}で囲む必要があります。

ここで{……}を忘れると、超スピードで「**analogWrite;**」**文だけ**を回して、「for文」を抜けて「delay」を1回だけ実行して、冒頭に戻ることになります。

たとえ1文だけでも{……}とした方が安全かもしれません。

「for文」「while文」「if文」は、正しければすぐ下(次)の1文しかコントロールできません。

2文以上まとめて実行したいなら{……}を使います。

2-6 LED照明をだんだん明るくする

[演習6]

<PROG2>を少し変えて、「pwm」を「1～255」まで増えるようにしてみましょう。

こうすると、段々明るくなります。

[ヒント]

for文を

```
for(pwm＝イ;pwm口;pwmハ);
```

「イ」はここから始める、「口」は255まで、「ハ」は1つずつ増える。

「for文」は「for (k＝1;k<5;k++)」の次の1文のみを繰り返します。

2文以上をまとめて繰り返すときは、{文1;文2;}のように、「{」……「}」が必要です！

<PROG3>

```
//LED PWM 0－＞256
const int pin = 10;
void setup() {
}

void loop() {
  int pwm;
  for(pwm = 0; pwm < 256; pwm++){
    analogWrite(pin, pwm);
    delay(20);
  }
}
```

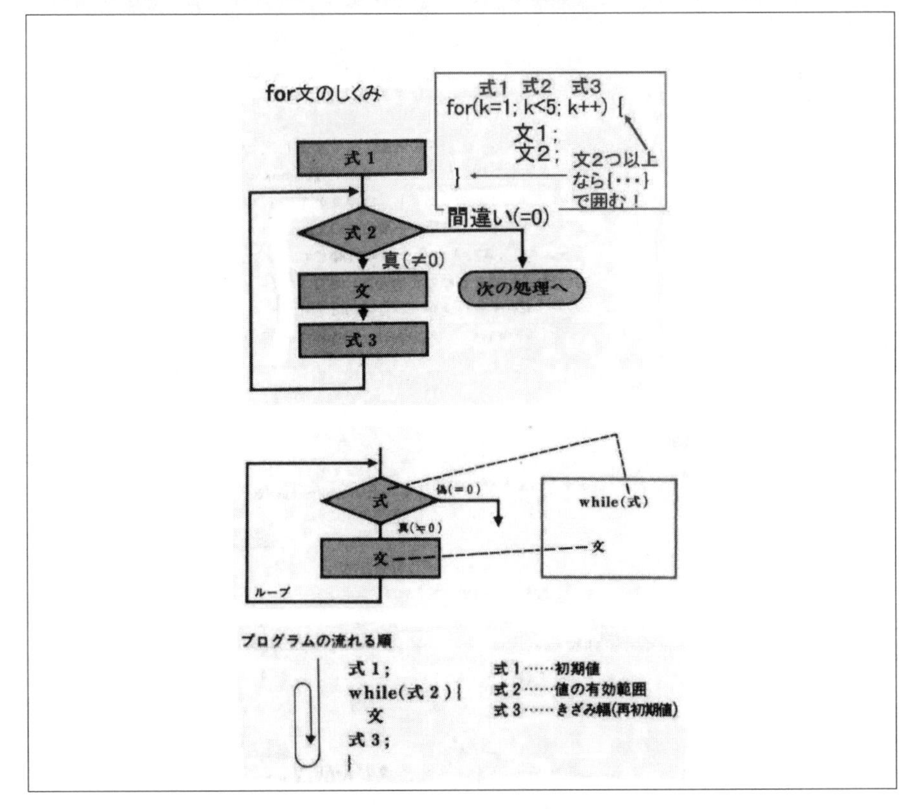

図2-5 「for文」の仕組み

「while文」を使った、別の方法です。
<PROG4>を見てください。

<PROG4>

```
//LED PWM 255－＞0
const int pin = 10;
void setup() {
}

void loop() {
  int pwm;
  for(pwm = 255; pwm > 0; pwm--){
    analogWrite(pin, pwm);
    delay(20);
  }
}
```

2-7 補 足

「Leonardo」にPWMができるのは「3,5,6,9,10,11,13」端子です。

この中で、「3」「11」ピンはPWMの1周期が「980Hz」ですが、それ以外はその半分の「490Hz」です。

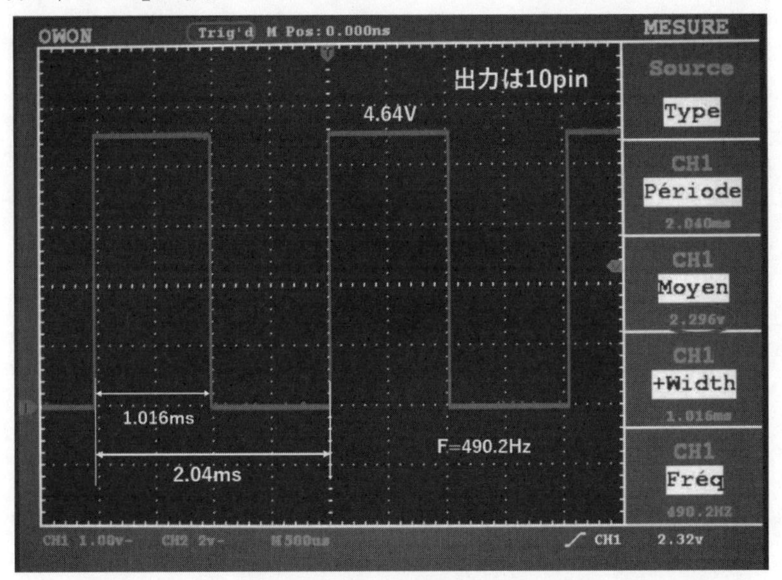

図2-6 オシロによるPWM波形①

図2-4は、「analogWrite(10,127);」を10ピンに出したときの波形です。

LEDが点灯しているため、「ON時」は「4.64V」です。

ここから「1.016/2.04＝0.498」となり、「ON」と「OFF」の割合がほぼ「0.5」(50%)となります。

よって、計算上は「4.64×4.64＝2.32V」くらいの平均電圧となります。

なお、実測値は「2.296V」でした。

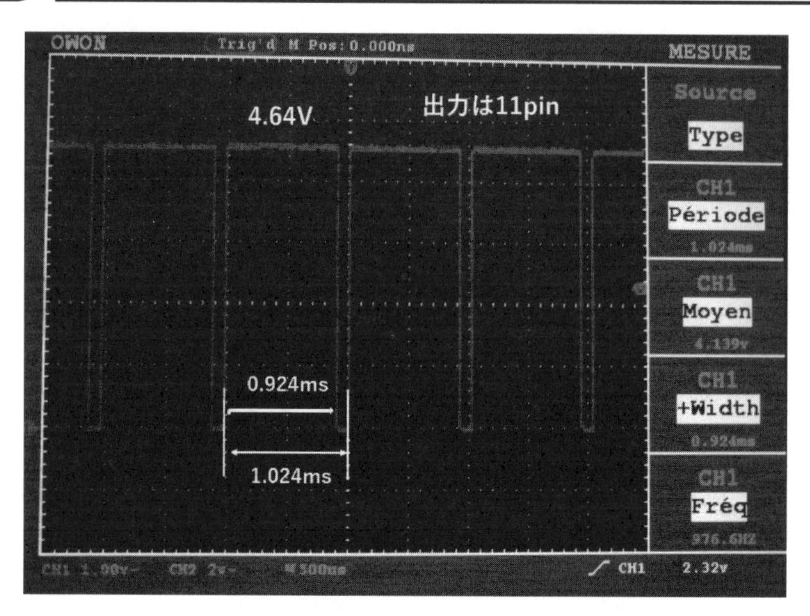

図2-7 オシロによるPWM波形②

図2-7は「analogWrite(10,230);」を「11ピン」に出しました。
よって1周期は「980Hz」です。

「ON」と「OFF」の時間の割合は「0.90」となります。
これは「230/255＝0.90」でも求まります。

ON時の電圧は「4.64V」なので、計算上では「4.18V」くらいです。
実測値は「4.139V」となりました。

「Arduino」を使って「SW」で LEDを点灯してみよう

前章までで、「Arduino」の「出力」について基本的なことを見てきました。
今回は、「入力」にも目を向けてみましょう。

3-1 LEDが点灯する回路とプログラムを作る

SWを押すとLEDが点灯する回路と、そのプログラムを作ってみましょう。

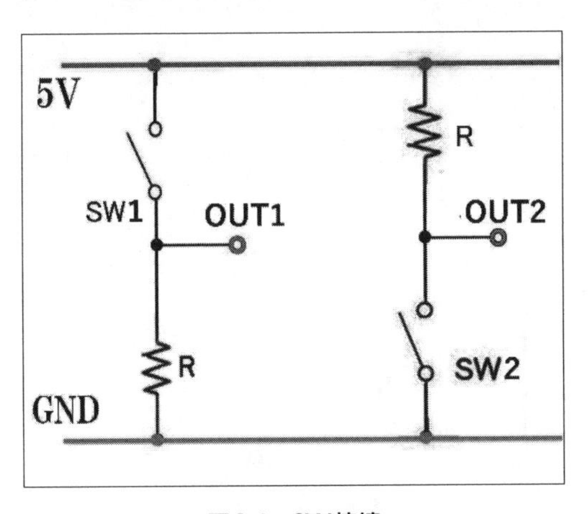

図3-1　SW接続

■SW回路

図3-1に2つのスイッチの接続例が書いてあります。

「**抵抗R**」がそれぞれの回路にありますが、何のためでしょうか。

*

SW回路で大切なことが2つあります。

---

(1)「SW」を押した(ONにした)ときに「+5V」から「GND」の間に「**抵抗**」が入っているか注意してください。

もし、何もなければ、電源の「+5V」と「GND」が「ショート」して電源に損傷を与えます。

電流を制限する意味でも「抵抗」は重要です。

(2)「SW」を「押したとき」と「押さないとき」のどちらでも、「SW」情報を取り出す信号線が「HIGH」か「LOW」かハッキリしていることが大切です。

"押したときには確かに「HIGH」になったのに、「SW」を離したら「HIGH」でも「LOW」でもない状態になった"ということがないようにしましょう。

抵抗は将棋で言うところの「歩」のようなものですが、重要な使命を担っています。

■電源と抵抗

「SW1」と「SW2」について、「押したとき」と「押さないとき」の「OUT1」と「OUT2」の電圧を表にしたものが、**表3-1**です。

・ONはSWを押しているとき

・OFFはSWを押してないとき

です。

表3-1 電圧

	SW1 ON	SW1 OFF	SW2 ON	SW2 OFF
OUT1	5V	0V		
OUT2			0V	5V

図3-1のように「OUT1、2」に何もつながっていないときは**表**のとおりです。

このとき、電源は「定電圧源」で（5V一定）、「OUT端子」に続く入力側の「内部インピーダンス」が高い（＝むやみに電流を吸い込まない）という前提で話しています。

しかし実際は、Arduino単体なら「HIGH」のときは5Vが出ますが、LEDを1個つなぐと「電圧降下」を起こして「4.6V」くらいに下がります。
1つの端子からたくさんLEDをぶら下げると、出力を「HIGH」と呼べなくなる可能性があるのです。

“Arduinoの電源が1端子「40mA」くらいで辛抱して”、と言っているのは、“「40mA」も流すと、「電圧降下」によって「HIGH」でなくなるから止めてほしい”、と言っているのです。

また、「pulldown」した「抵抗」ですが、この「抵抗値」が高すぎるとGNDにつながっているとは言い難く、入力側が「LOW」と認めてくれません。
入力側の「内部抵抗」より低くないと意味がなくなります。

結局、この問題は「OUTの後どんな回路に繋ぐか」ということと関係し、「抵抗値」の設定の話になります。

■Arduinoの外部端子に「LED」や「スイッチ」をつなぐ

それでは、Arduinoの外部端子に「LED」や「スイッチ」をつなぐにはどうすればよいでしょうか。

まず、プログラムでは、

```
pinMode(ピン番号，モード設定)；
```

とします。

このモード設定には、次の3通りの方法があります。

① pinMode(ピン番号,INPUT_PULLUP);

今回の実験のように「SW入力」をしたいときにピッタリです。

まず、**図3-1**の右図のような「プルアップ抵抗」が要りません。

これは、モード設定を「INPUT_PULLUP」とした場合に有効です。

Arduinoの内部を分かりやすく示すと、「内部SW」がこのプログラムによって「A」に切り替わります。

すると、「外部SWを押す/押さない」の情報はArduinoのCPUに取り込めるようになります。

このための読み込み関数は、「digitalRead(ピン番号);」とします。

SWを押していなければ(**図3-2**の状態では)、情報入力は“HIGH”(整数の1)です。

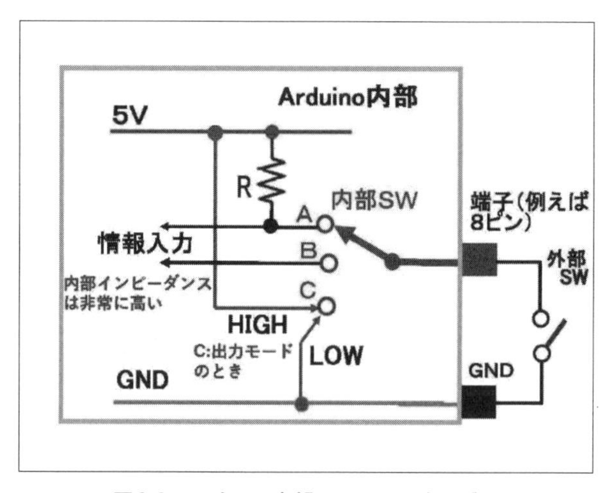

図3-2 Arduino内部スイッチ回路モデル

② pinMode(ピン番,INPUT);

「pinMode (ピン番,INPUT) ;」にすると、「内部SW」の「B」に接続されることになります。

端子に「3V」以上の電圧が来れば“HIGH”になり、「2V」以下なら“LOW”という情報が伝わります。

「pull up抵抗」がないので、この端子に「SW」をつなぐと、押してないときに「端子電圧」がハッキリせず、入力情報が不確かになります。

「pullup」か「pulldown」の抵抗を入れましょう。

③ pinMode(ピン番号,OUTPUT);

「pinMode(ピン番号,OUTPUT);」にすると「出力モード」です。

この場合、「内部SW」の「C」につながります。

このときに、「digitalWrite(ピン番号,HIGH);」とすると、「5V」が「内部SW」の「C端子」につながり、ピン番号の端子に「5V」が現われます。

また、「digitalWrite(ピン番号,LOW);」にすると、「0V」が「内部SW」の「C端子」につながり、ピン番号の端子に「0V」が現われます。

■Arduinoに「スイッチ」をつなぐ

Arduinoに「スイッチ」をつないでみましょう。

図3-3は実験のための回路図です。

スイッチ(SW)は押すと導通し、放すと接点が切れる一番シンプルなものを使います。

SWの一方をデジタル端子の「8ピン」につないで、もう一方をGNDにつなぎます。

また、SWを押すとLEDが点灯するように「13ピン」にLEDを接続。

「8ピン」の「入力モード」は、SWを押してないときにも「H」か「L」かをハッキリさせないといけません。

よって、「pinMode(○○, INPUT_PULLUP);」と宣言。

このとき、内部では、「8ピン」が「抵抗R」で「+5V」にプルアップされたようになります。

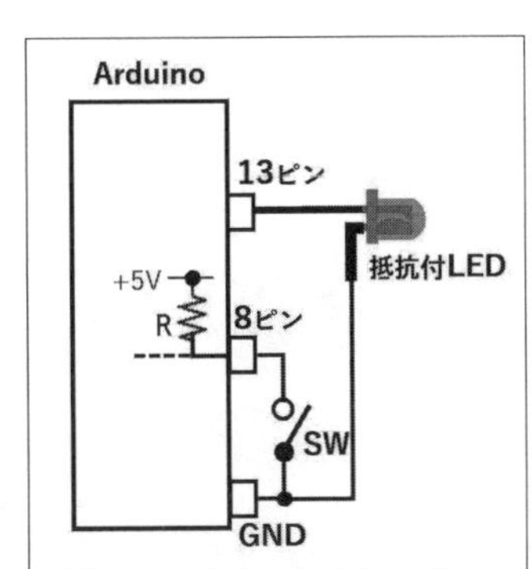

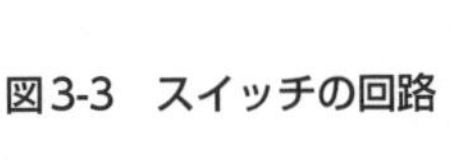
図3-3 スイッチの回路

<PROG1>を入力してください。
できたらコンパイルして転送します。

プログラムに「Serial.println」があるので、状態が見えるように「虫メガネマーク」をチェックしてください。

SWを押したときと、押さないときでは表示はどう変わりますか？

<PROG1>

```
const int swin=8;
void setup() {
   pinMode(swin,INPUT_PULLUP);          //8ピンpull upされる.
}
void loop() {
  int k;                               // kは整数型である.
  k = digitalRead(swin);               // kには0か1を返す
    Serial.println(k);           // kが数値の1なら文字´1'として表示される

    delay(3000);                 //3秒待ってまた，kの値を調べる.
}
```

SWを押さないと、「pull up」したことで「5V電圧」が検出され、“HIGH”であるところの「1」が表示されます。

しかし、プログラムは「loop()」関数によって速いスピードでグルグル中を回っていますから、「SW」を押すと、端子は「0V」に落ち、“LOW”すなわち「0」が表示されるようになります。

「SW」を放すと再び「1」を表示し続けます。

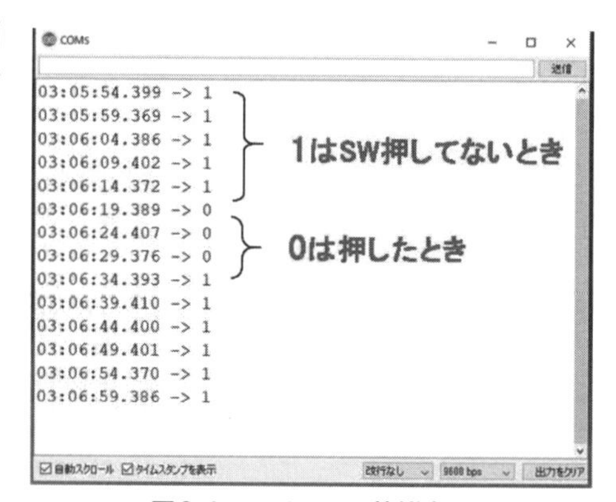

図3-4　スイッチの状態表示

[演習1]

SWを押すとLEDが点灯するプログラミングは、次のように考えましょう。

・もし、SWを押したら「正しい」と判断してLEDを点灯させ、もし、そうでなかったらLEDを点灯しない。
・そして、初めに戻って、SWが押されているか/いないかを調べる。

これは、「if文」を使ってみましょう。
if文は、(式)の中が正しいか調べるものです。
もし、正しかったら「文1」を実行します。
そうでなかったら(else　間違っていたら)、「文2」を実行します。

つまり、「文1」か「文2」のどちらかが実行され、2つを実行することはありません。

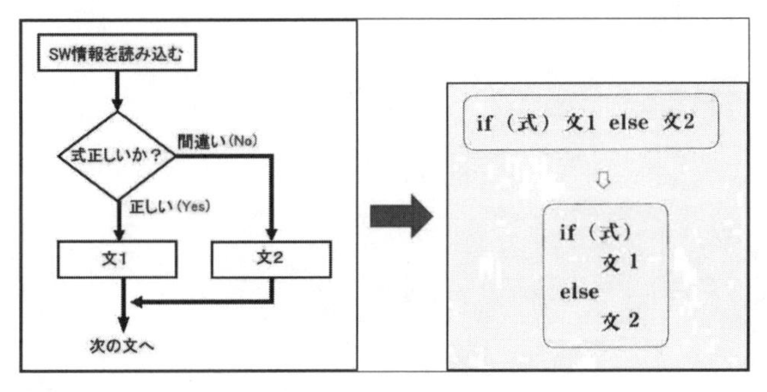

図3-5　if文の仕組み

「If文」の手順を説明します。

[1]「SW情報を読み込む」は、「digitalRead(読み込むピン番号);」とします。
ここでは、「8ピン」にしました。
よって、「digitalRead(8);」です。

[2] すると、SWを押さないなら「HIGH」となり、SWを押したなら「LOW」が「関数値」(戻り値)として「digitalRead ()」に返ってきます。

これを、たとえば「x」という変数に入れます。

[3] よって、「x = digitalRead(8);」と書きます。

この「x」を「if」の中の式として入れると、「if(x)」と書けますね。

[4] さらに(重要)、「x」が「HIGH」だとしましょう。

これは、「if(x == HIGH)」となります(等しいは、＝を２回続けて打つ)。

意味は“もし「xがHIGHと同じ値」ならば文1へ、「else」(そうでなければ)ならば文2」へ”です。

今、SWを押してないので「x」は「HIGH」ですね。

よって「x==HIGH」が成立するので、「文1」へ行きます。

[5] 「文1」は、「LEDを点灯しない」ですから、「digitalWrite(13、LOW);」と書きます。

[6] 「文2」は、SWを押したので「LED点灯」となり、「digitalWrite(13、HIGH);」です。

これをまとめて、プログラムを完成させてみましょう。

<PROG2>

```
void setup() {
   pinMode(13,OUTPUT);                    //LEDのため
   pinMode(8,INPUT_PULLUP);   //SWのため
}
void loop() {
 int x;                                   // xは整数型ですよ
 x = digitalRead(8);
 if(x ==HIGH)           //もし, xがHIGHなら(if文の最後には「;」不要!)
    digitalWrite(13,LOW);                 //点灯しない
 else                             //そうでないなら
    digitalWrite(13,HIGH);    //点灯
}
```

「if文」内は、一つにまとめて、次のようにできます。

```
x = digitalRead(8);
if(x ==HIGH)
```

➡

```
if (digitalRead(8) == HIGH)
```

図3-6 「if文」をまとめる

最後に、上の<PROG2>を改良して図3-7のように表示できるようにしました。

プログラムを改良してみましょう。
文が2つ以上になったら、{…}とします。

・SWがOFFのとき，LEDもOFF
・SWがONのとき，LEDもON

<PROG3>

```
const int pin=13;
const int swin=8;
void setup() {
   pinMode(pin,OUTPUT);
   pinMode(swin,INPUT_PULLUP);
}

void loop() {

  if (digitalRead(swin) == HIGH) {
    digitalWrite(pin,LOW);
    Serial.println("SW OFF");
   } else {
    digitalWrite(pin,HIGH);
    Serial.println("SW ON!");
  }
  delay(1000);
}
```

図3-7　SWの状態の連続表示

補足　Arduinoの電源について

いちばん便利なのは、通常は「USB供給」の「5V電源」ですが、最大で「500mA」です。

「3.3V」は最大「50mA」で、「I/Oピン」は「40mA」です。

外部電源の供給が必要なときは、**図3-8**の「接続コネクタ」の①と②を使います(①と②は内部でつながっています)。

①はプラグが必要で、「7V～12V」に変換する「AC電源アダプタ」を使います。

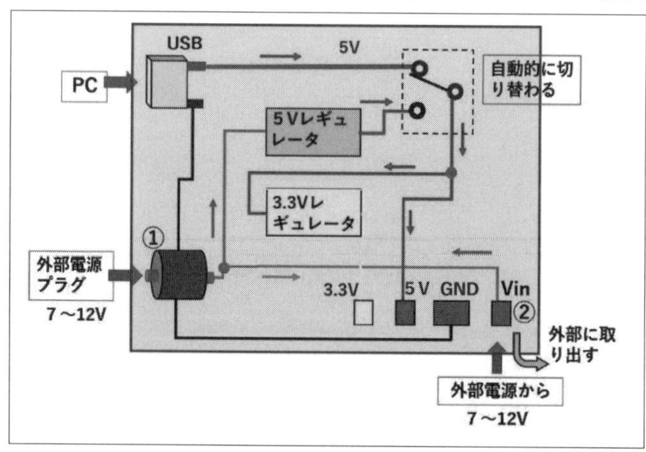

図3-8　Arduino電源周り

第4章

「Arduino」を使って「温度」を測る

アナログ端子を使って、「ON」(5V) か「OFF」(0V) かという極端な入力ではなく、「2.8V」「3.6V」などの「0～5V」の任意の「電圧値」が処理できる入力方法を試してみましょう。

図4-1　アナログ用端子

4-1　アナログ値

「温度の測定器」があるとして、0℃なら「0V」、26℃なら「2.6V」、50℃なら「5V」になるように電圧を発生させ、得られた電圧を10倍すればその部屋の温度になるというように動けば取り扱いが簡単です。

この値は「0～5V」で連続している値なので、**「analog（アナログ）値」**と言います。

＊

「Leonardo」のアナログ入力端子は、「A0～A5」の6端子あります。

さらにデジタル側のコネクタの「6〜11ピン」も加えて、計「12ピン」が使用可能です。

これらは「デジタル入出力」としても使うことができます。

＊

各「アナログ入力」は、10ビットの解像度(2^{10} = 1024)をもちます。

初期設定では「GND」から5Vまでを測定しますが、上限は**「AREFピン」**(DIGITAL側GNDの隣)と**「analogReference()関数」**で変更可能です。

「A0〜A5」ピンは、この端子に入ってきた「0〜5V」までの電圧をデジタル化し、「0〜1023」の数値に変換します。

これは、内部に10ビットの「AD変換器」(Analog to Digital Converter)をもっており、これによりアナログ電圧を100 μs (マイクロ秒) の速さでデジタル化します。

これは、「1秒間に1万回の変換」ができることを意味します。

「0〜5V」を10ビット(1024通り)に数値化するので、分解能は「5/1024 = 0.0049V = 4.9mV」です。

つまり、「0〜5V」を「1bit = 4.9mV」の分解能で分けます。

したがって5.0-1LSB＝4.9951V以上であることから「1023」になります。

値がピッタリにならないときは、近い値に丸め込みます。

たとえば、「A0ピン」にアナログ電圧(0〜5V)を入れてそれを読む場合は、その変数名を「value」にして「value = analogRead(pin);」とします。

「pin」はここでは「A0」なので「pin＝0」と宣言。

数値は「value」という「int型の変数(箱)」に入ります。

[演習1]

アナログ入力端子「A0」に「0〜5V」の電圧を入れるために、「可変抵抗器」を使いましょう。

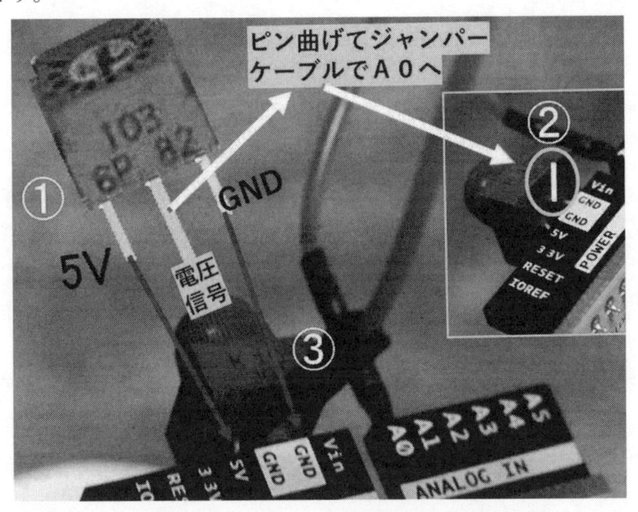

図4-2　アナログ端子に「可変電圧」を入れる

---

[1] 図4-2の①のように両端をそれぞれ「GND」と「5V」に挿入。

真ん中のピンは、②のように上に折り曲げます。

[2] 次に、③に示すように、「ジャンパー・ケーブル」（メス側）を挿し込み、口側を折り曲げたピンに接続。

[3] そして、「オス側」を「A0：」に挿し込みます。

これで、準備完了です。。

プログラムを組んで「可変抵抗器」を指で回すと、刻々と「電圧値」が変化することが確認できます。

＜PROG4-1＞

```
const int pin = 0;          //pinの値は0で、この値を変えてはいけない
                            //(constによる)
void setup() {
}
void loop() {
 float volt;    //変数voltは浮動小数点型である。整数2を入れると2.0になる
 int value;    //valueは整数型である。0～1023までのどれかの値が入る

value = analogRead( pin );  //8番ピンつまり，A0のアナログ電圧を読み込む
 volt = (float)value * 5.0 / 1023.0;  //この式でAD変換数値を、
                                      //電圧に変える

  Serial.print( "value = ");    //画面に「value＝」と表示され、
                               //改行をしない！
  Serial.print( value );  //「value＝」の横にAD変換された数値
                        //「0～1023」が入る

  Serial.print( "   volt = ");  //同じ行に3文字空けてvolt＝と表示される
  Serial.println( volt );      //voltの小数点付きの数値をvolt=の後に表示

  delay(1000);              //1秒待ち時間を作り、loop()関数の頭に戻る
}
```

プログラムが起動したら、通信で画面にデータを表示してみましょう。
図4-3のように表示されます。

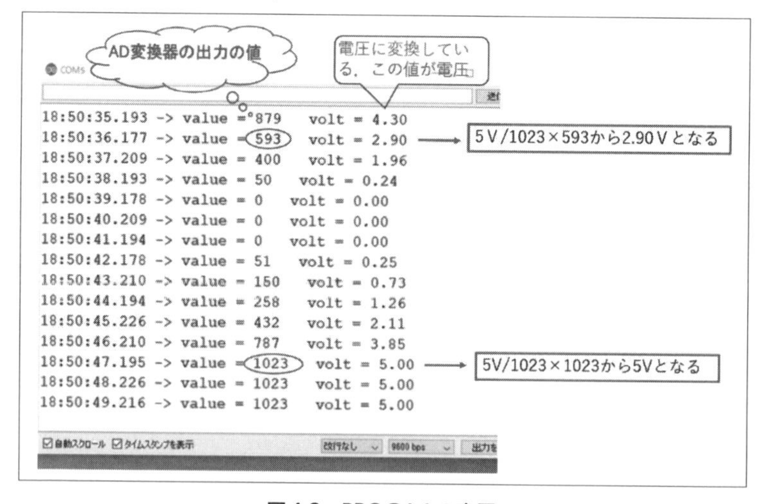

図4-3　PROG4-1の表示

4-2 「温度センサ」で部屋の温度を測定する

「部屋の温度」を測るには、「温度計」や「感知器」のような器具が必要です。

「温度」などを「電気信号」に変えてコンピュータに取り込む電子素子を一般に、「センサ」(sensor)と呼びます。

「温度センサ」にはたくさんの種類があります。

ここでは、「IC化温度センサ」の1つで低価格で使いやすい、「LM35」を使います。

このセンサの特長としては、

①「セッ氏温度」に直接対応した出力をもつ。
②リニア出力で「+10.0mV/℃」の感度をもつ。
③「4V」から「30V」で動作。
④静止中「0.08℃」と自己発熱が小さい。
⑤「出力インピーダンス」が小さい。
⑥-55℃～+150℃の温度範囲
⑦+25度で0.5℃の精度

が挙げられます。

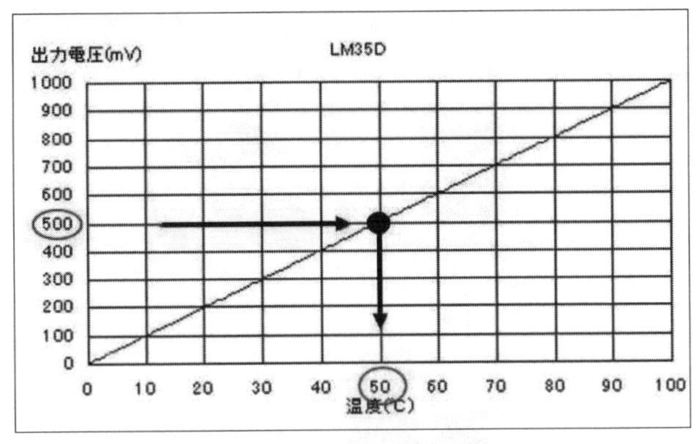

図4-4　電圧と温度の関係

図4-4に示すように、センサ「LM35」の出力端子の電圧を「500mV」とすると、温度はその1/10の「50℃」となります。

図4-5 LM35外観

図4-5に、温度センサ「**LM35**」の「ピン配置」を示します。

足は3本で、品番がある面に向かって、左から「**5V端子**」「**電圧出力**」「**Gnd**」です。

そこで、**図4-6**のように、センサに「5Vの電源」をつなぎ、電圧計を「Vout」と「Gnd」につなげば、「メータの値」が「温度」となります。

なぜなら、「mV」で測ったとき、その「1/10」が「温度」(摂氏)となるからです。

図の例の場合は、「電圧400ｍV = 温度40℃」となります。

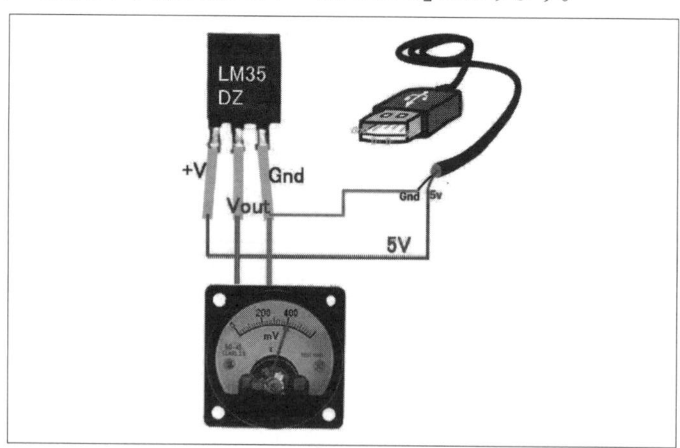

図4-6 温度を電圧計で測る

図4-7は「Arduino」に「温度センサ」を接続した例です。

左足を「5V」、右足を「Gnd」に挿し込んでいます。

中央の足は「ジャンパー・ケーブル」で、「ANALOG」の「A0」につなぎます。

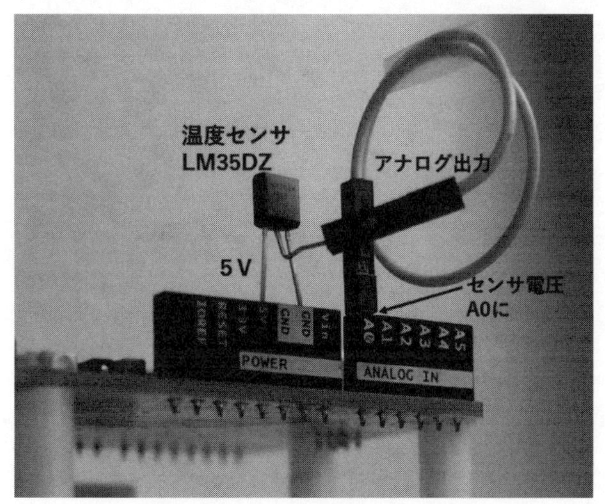

図4-7　「Arduino」に「温度センサ」を接続した例

「A0ピン」に「アナログ電圧」(0〜5V)を入れて、「value = analogRead(pin);」とします。

pinはここでは「A0」として、数値は「value」という「int型」の箱に入ります。

＊

「volt」の計算に、「(float)value * 5.0/1023.0;」とありますが、分母を「1023」ではなく「1023.0」とすることで、計算結果が「少数点付きの数値」になります。

＜PROG4-2＞

```
const int pin=0;                    //pinの値は変えられない
void setup() {
Serial.begin(9600);                //通信速度は9600b/s
}

void loop() {
float temp, volt;                     //変数tempもvoltも浮動小数点型に
int value;                          //valueは整数型に
```

```
value = analogRead(pin);    //10bitのAD変換した整数データをvalue代入
volt = (float)value * 5.0/1023.0;      // vaueは整数型なのでfloat型に変換
temp = volt * 100.0;                   // 100倍することによって，温度に変わる
Serial.print("temp = ");               //  temp = と改行せずに表示
Serial.println(temp);                 //  温度の数値を表示する

 delay(5000);                         // 5秒待って頭に戻る
}
```

図4-8　温度センサ結果

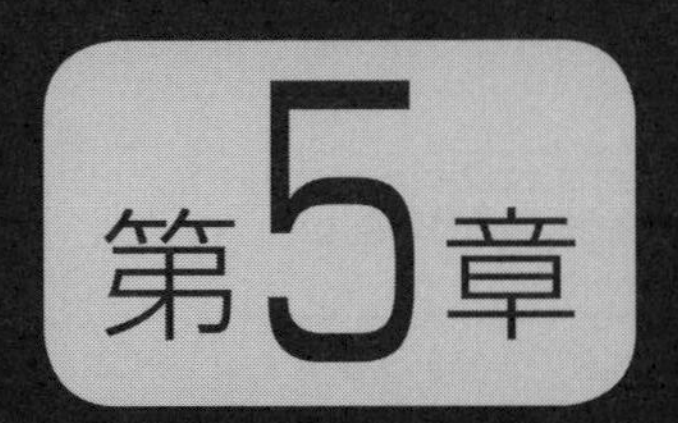

「Arduino」でファンを回して「温度制御」

第4章では「Arduino」を使って温度の測定を試みました。

これを少し発展させて、「設定温度になったら知らせる」とか、「ファンが回って温度を下げる」とかをやってみましょう。

この章の図5-4の「モータ回転回路」は、次の章(第6章)でも使います。

「終わったぁ～！」と壊さないでください。

5-1 設定温度になったら「LED」で知らせる

[演習1]

室温より、少し高めの温度(5℃くらい高い)を設定しておきます。

設定した温度を超えると「LEDが点灯」し、設定温度より下がったら「LEDが消灯」するプログラムを作ってみましょう。

[ヒント]

「if文」を使ってみましょう。

まず、**図5-1**のプログラムの流れを見てみましょう。

図は、「loop()関数」の中だけの主な流れを示します。

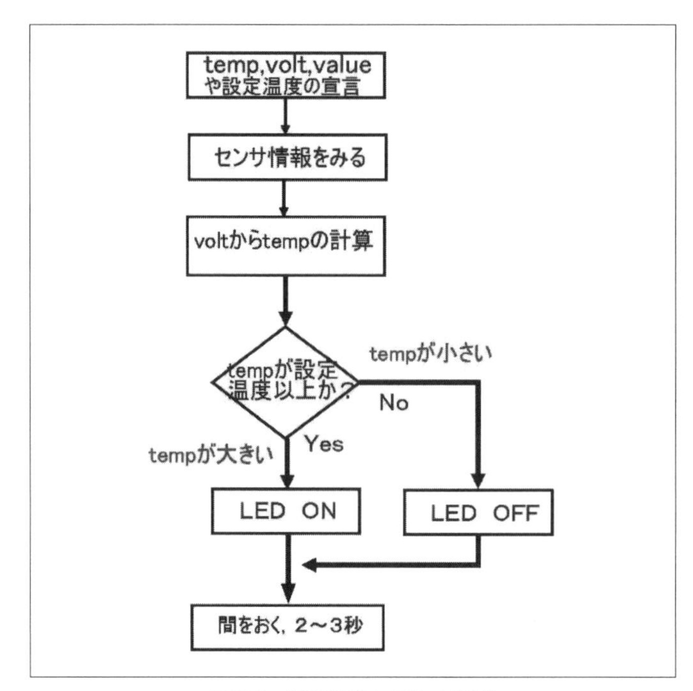

図5-1 設定温度とLEDの制御

現在の部屋の温度「temp」やその電圧「volt」は、小数点が付きます。

そのため、型の宣言は「float型」です。

また、「value」は、上から2番目の「センサ情報を見る」で「0～1023」までの整数なので、「int型」の宣言をします。

＊

このように、「型が異なる変数間の計算式」では、「整数型」の値を「float型」に変えて計算をする場合に、小数点以下が切り捨てられることがあるので、注意が必要です。

＊

たとえば、「5/value」という計算があったとします。

これは「整数/整数」の形で、計算結果は小数点以下を捨てて「5/2 = 2」となります。

これを、「float型」の「x」という変数に入れると、「x＝2」は「2.0」となります。

一般的には、分母の「2」を「2.0」と小数点を付けておけば問題なかったわけです。

どうしても分母を「float」にしたいなら、「(float) value」と、最初に(float)を付けることで、この計算だけ強制的に変更されます。

この「(…)」を**「キャスト」**(cast)と言い、**「キャスト演算子」**と呼びます。

＊

「if文」はどう振り分けるか判定する式で使います(図5-1の「菱形◇」の部分)。

たとえば、設定温度を「ts」とすると「if(ts <temp)」と書きます。
設定温度が「38℃」で、今の温度が「temp=34℃」とすると、「if(38<34)」となります。

この式は「正しくない」ですね。

すると、判定は「No」となって「LED OFF」の文を実行するので、「LED」は点灯しません。
そして2～3秒経ってから「loop()」の頭に戻ります。

再び判定に入っても、「temp温度」が「設定温度」を超えない限り、「LED」は点灯せず、ループを繰り返します。
温度が上がって設定温度を超えた瞬間、「LED」が点灯します。

＊

では、実際にプログラムを作って実行してみましょう
設定温度を上げすぎると温度上昇に時間がかかるので、今の温度より3～5℃高いくらいにしましょう。

「ts」より上がったらLED点灯

```
const int LedPin = 13;           //LED点灯のために13ピン使用
const float ts = 33.8;             //tsは設定温度

void setup() {
}

void loop() {
  float temp, volt;            //tempやvoltは浮動小数点型
  int value;                   //valueはセンサの電圧を変換した数値
  value= analogRead( LedPin );         //valueはセンサの電圧をAD変換した数
値
  volt = value * 5.0 / 1023.0;         //この式で温度が電圧に変換される
  temp = volt * 100.0;             //そのvoltを100倍すると求める温度となる
  Serial.print(" temp = ");   //温度表示がないと設定温度が程よい値に
  Serial.println( temp);                     //決められない。
  if( ts < temp)               //もし、今の温度がts(設定温度)より高いなら
    digitalWrite (LedPin, HIGH);       //LED点灯！
  else                   //今の温度が低ければ
    digitalWrite(LedPin, LOW);         //LEDは消灯

delay(3000);                   //しばらく待つ
}
```

「println文」があるため、**図5-2**のように「温度データ」が刻々と表示されています。

ここでは設定温度を「33.8℃」にしたので、この温度以下ではLEDは点きません。

手で温めたりすると「34.21℃」になり、LEDは点灯しました。

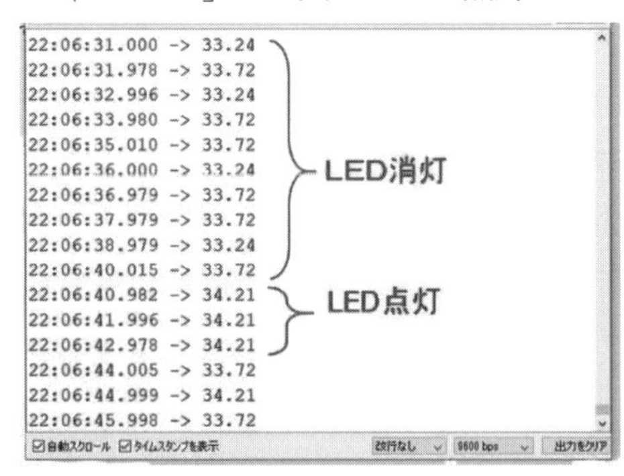

図5-2　温度データ

5-2　設定温度になったら「ファン」を回す

[演習2]

温度が設定値を超えると、「モータ」が回転するプログラムを作りましょう。

*

モータの軸に「ファン」を付けると、風が起こって温度が下がります。

温度が下がると「ファン」が停止し、上がってくると、再び「ファン」が回るような制御ができそうですね。

*

まず、「Arduino」と「ブレッドボード」の準備をしましょう。

「Arduino」につなげば「パルスの作成」や、「正転逆転」、「速度変更」ができます。

ICは、ROHM社の「**BD6211**」というDCブラシモータの制御ICを使います。

*

簡単に回路の説明をします。

なお、章末にこのICの制御方法をまとめました。

「8ピン」でDCブラシモータ制御ICの「BD6211」には、各種の使い方があります。

ここでは、6番端子の「Vref」にPWM波形を入れる方法で、メーカ仕様書には「VREF制御モード」と書いてあります。

「VREF端子」をうまく活用すると、「Arduino」からパルス幅が変えられるので、「PWM制御」ができるようになります。

たとえば、「V_{cc}」に「5V」を与え、「V_{REF}」に「3.75V」を加えると、「1周期のONの割合」が計算できます。

$$DUTY \fallingdotseq V_{REF}[V] / V_{cc}[V]$$

これは、「DUTY ≒ 3.75 /5」で75%となります(これは1周期を4等分したうちの3つを占めていることになります)。

このモードのPWMキャリア周波数は「25kHz」です。

また、このモードで使用する場合には「Fin」と「Rin端子」にPWM信号は入力できません。

「推奨動作条件」として、電源電圧は「V_{cc} 3.0〜5.5V」の範囲、V_{REF}の可変設定電圧は「1.5V〜5.5V」となっています。

V_{cc}とGNDの間に「バイパスコンデンサ」(10μF以上を推奨)を接続してください。

*

次に、回転の「正逆切り換え」は、4番端子「Fin」と5番端子の「Rin」を、「HIGH」にするか「LOW」にするかで決まります。

「正転」なら「Rin＝L　Fin＝H」に、逆転なら「Rin＝H　Fin＝L」にします。

試しに、**図5-3**の回路を組み立てると「Arduino」なしでも、電池で「正逆回転」と「速度調整」ができます。

可変抵抗「VR」を回すと速さが変わります。

「Fin」と「Rin」は、「5V」もしくは「GND」につないでください。

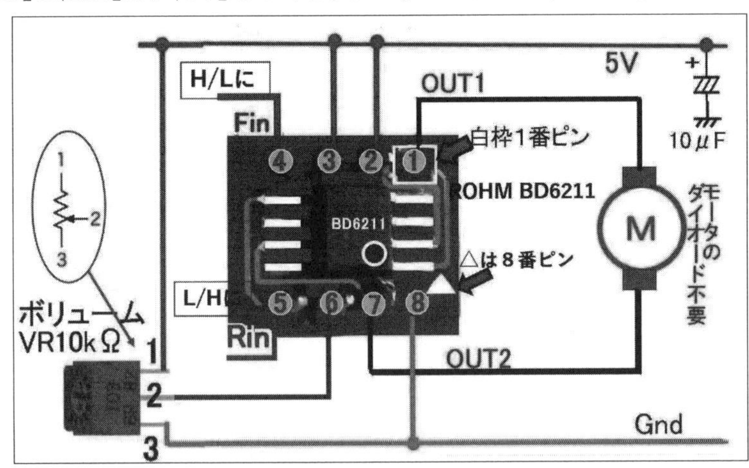

図5-3 「BD6211」PWM制御

これを「Arduino」に接続するには、V_{REF}は6ピンPWMに入れて、Finは8ピン、Rinは13ピンにつなぎます。

その回路を**図5-4**に示します。

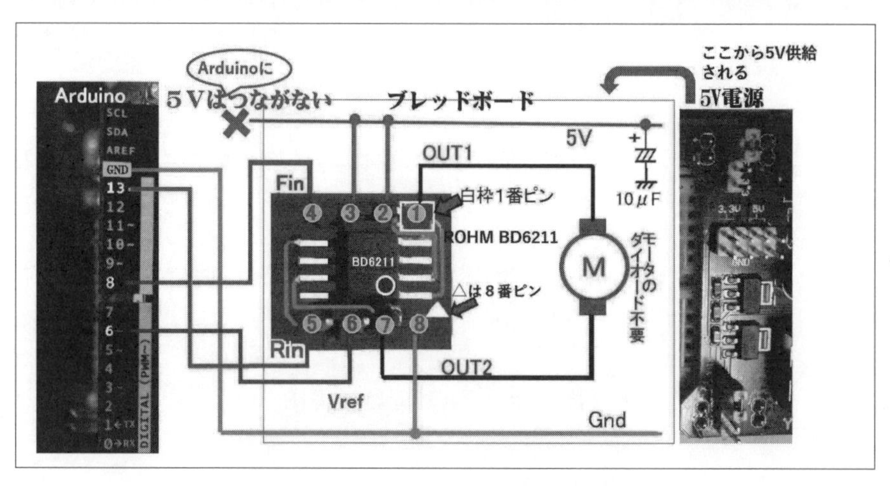

図5-4　Arduinoとモータ制御ボード連結

では、簡単な「モータ回転」のテストをしてみましょう。

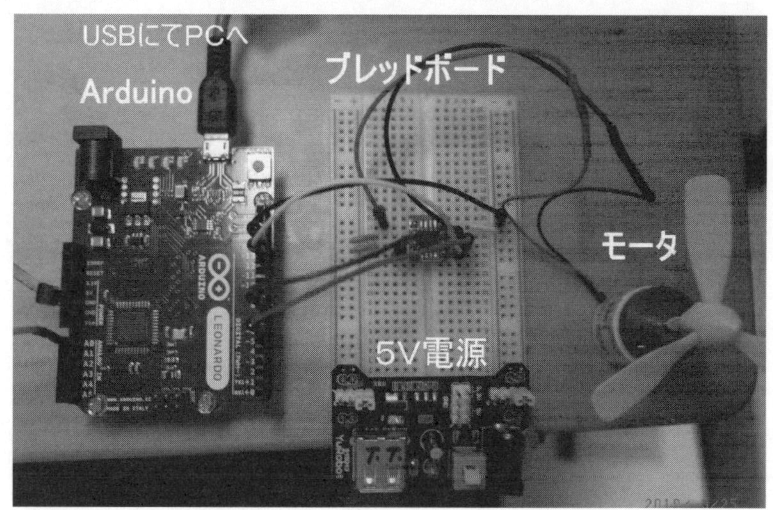

図5-5　Arduinoでモータファンを回す実験

図5-5のように、「Arduino」「ブレッドボード」「モータ」と「信号線」がつながっています。

「Arduino」の「5V」は、ブレッドボードに供給していません。

「電源」はモータの仕様で電流容量不足となる可能性があるため、「ブレッドボード専用電源」を使っています。

しかし、信号のやり取りのため、「Arduino」と「ブレッドボード」の「GND」は共通に接続しておく必要があります。

「Arduino」からは「4本の信号線」(「6ピンPWM」「8ピンFin」「13ピンRin」それと「GND」)だけがボードに接続されています。

モータに付ける「ファン」は、電子回路部品店に図5-5のようなファンがありました。

しかし、モータの軸と合いません。

そこで、キリのようなもので押し込みながら回し穴を大きくしてはめ込みました。

一時的には役立ちました。

＊

以下はテスト用のプログラムです。

テスト用プログラム

```
const int pinA = 13;          // Rinにつながる <PROG2>
const int pinB = 8;           // Finにつながる
const int pinC = 6;           // VrefにつながるPWM端子
int  f = 50;                  // パルス幅を決めるfが大なら速い
void setup() {
}

void loop() {
  digitalWrite(pinA, LOW);    // モータ回転しないために
  digitalWrite(pinB, LOW);    // モータ回転しないために
  delay(4000);                // 4秒待って

  digitalWrite(pinA, HIGH);   // RinをHに(逆転Lに)
  digitalWrite(pinB, LOW);    // FinをLに(逆転Hに)
  analogWrite(pinC, f);       //fの速度で回転する
delay(6000);
}
```

うまく回転したら、「f値」を変えたり、「Rin」「Fin」の「HIGH」と「LOW」の組み合わせを変えたりしてください。

ここで、風が「前側」に出るのはどちらか調べておきます。

温度センサに風が来なくてはいけませんから。

5-3 温度の制御を確かめる

■「演習2」のプログラミング

設定温度を決め、下記のプログラムを稼働してモータを手に持ち、温度センサに風が当たるようにして温度が一定に制御されていることを確かめましょう。

完成したプログラム

```
const int pin = 0;       // 0はA0で、温度の計測をするpinである
const int pinA = 13;   // Rinにつながる              ＜PROG3＞
const int pinB = 8;    // Finにつながる
const int pinC = 6;    // Vrefにつながる
const float ts = 30.5;  // 設定温度
int f = 80;             // モータの回転数を決める0～255の数値

void setup() {
}
void loop() {
  float temp、volt;      // 変数tempとvoltは浮動小数点型
  int value;            // valueは整数型

  value = analogRead( pin );     //A0からvalueに0～255の数値を入れる
  volt = (float)value * 5.0 / 1023.0;     //温度数値を電圧に変換する
  temp = volt * 100.0;              //これを100倍すると実際の温度になる
  if(ts < temp){              //もし、設定温度より、今の温度が高ければ、
    digitalWrite(pinA, HIGH);        //RinをHにして、
    digitalWrite(pinB, LOW);         //FinをLにして
    analogWrite(pinC, f);            //fの値の速さでモータを回す
  }else{                         //そうでなければ…
    digitalWrite(pinA, LOW);         //モータOFF
    digitalWrite(pinB, LOW);         //モータOFF
    }
    Serial.println(temp);             //温度を表示
    delay(1000);                   //時間待ち1秒
}
```

「温度差が大きい場合は、それに比例してファンの回転数を早くする」「値が近づいてきたら少し弱める」など、いろいろと工夫ができると思います。

5-4 ROHM社「BD6211」の使い方

H型ブリッジの「モータ駆動用IC」は、たくさん発売されています。

ここでは、ROHM（ローム）社の「ブラシ付きモータ用Hブリッジドライバ BD6211」について補足説明します。

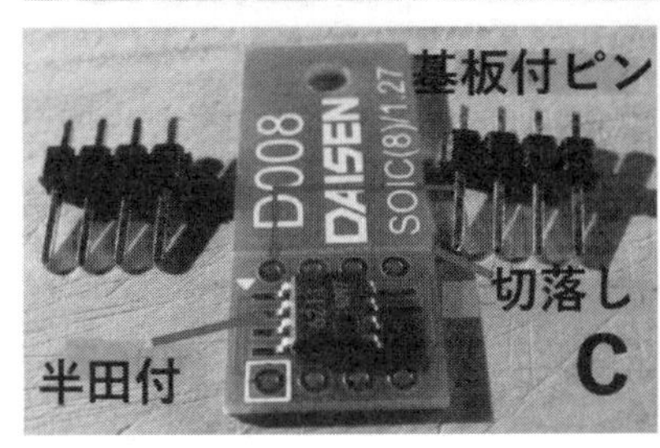

図5-6 「BD6211」外観から組み立てまで

図5-6の「a」や「b」に示すように、「6.2mm×5mm」程度の非常に小さいICです。

これを、専用の基板「c」にあるように「D008」の上にそっと乗せて、基板の金メッキ部分にハンダ付けをします。

そして、4本ずつ両側にピンをハンダ付けします。
これで「d」のようにブレッドボードに取り付けが可能になります。

「IC」を基板に半田付けするときに半田を盛りすぎると、下に染み出て、どこかと「ショート」します。

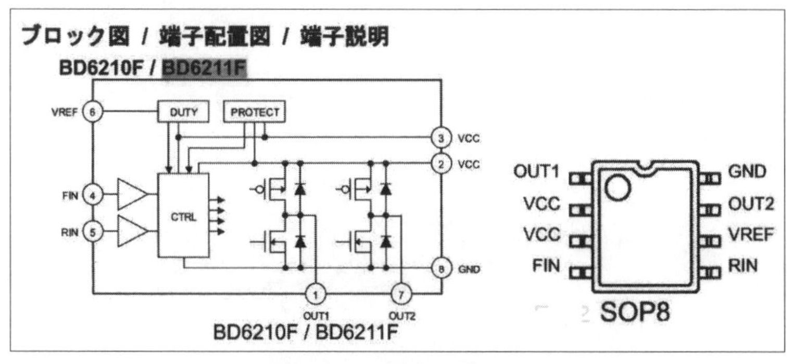

図5-7　pin配置、構成など

このICの内部構造は、**図5-7**のように、「8ピン端子」で内部に「H型のブリッジ」があります。

各端子の機能を**表5-1**と以下に示します。

表5-1　BD6211

番号	端子名	機　能
1	OUT1	出力端子
2	VCC	電源
3	VCC	電源
4	FIN	制御入力(正)
5	RIN	制御入力(逆)
6	VREF	VREF可変電圧入力
7	OUT2	出力端子
8	GND	GND
(注意) VCCはすべて同電位で使うこと		

・電源電圧は最大「7V」。
・最大電流は、6211の場合は「1.0A」。
・モータには「OUT1」と「OUT2」がつながります。
・2ピンと3ピンは「V_{CC}」です。
・「V_{REF}」も「V_{CC}」と同じく「5V」につなぎ、8ピンは「GND」とします。
　ただし、「VREF」にPWM信号を入れるモードもあります。
・4ピンの「FIN」と5ピンの「RIN」は「正転」と「逆転」に関係します。

■いちばん簡単な正逆回転回路

この回路では、PWMはできません。
「正転」「逆転」はできますが、「回転スピードの変更」はできません
下記の**表5-2**のTable2真理値表を参考にします。

表5-2 「Table2」真理値表

Mode	FIN	RIN	VDEF	OUT1	OUT2	動作(OPERATION)
a	L	L	X	Hi-Z(Note)	Hi-Z(Note)	スタンバイ(空転)
b	H	L	V_{CC}	H	L	正転 (OUT1→OUT2)
c	L	H	V_{CC}	L	H	逆転 (OUT2→OUT1)

RINは、**図5-8**の左側にあるMOSの「ON/OFF」に関係し、FINは右側のMOSの「ON/OFF」に関係しています。

表5-2からFINに「H」を選ぶと、右側MOSの下をONにします。
FINに「L」を選ぶと右側MOSの上をONにします。

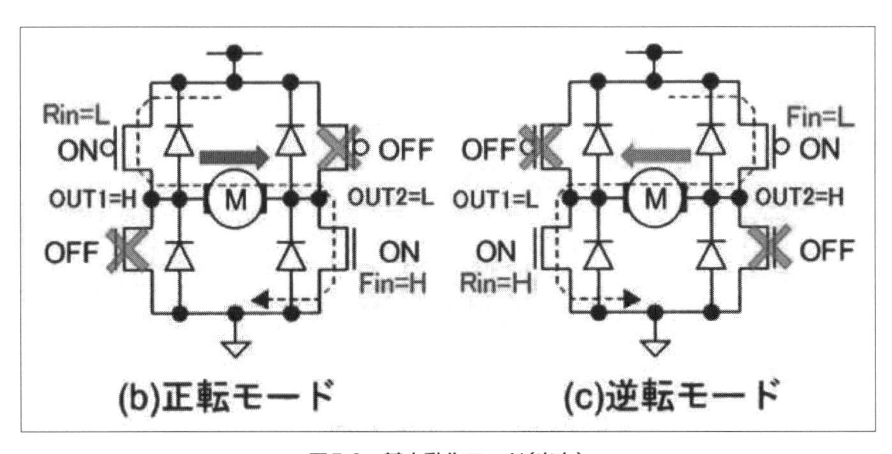

図5-8 基本動作モード(出力)

■PWM可能な正逆回路(Ⅰ)

RINの「L」を選択してから左側上のMOSを「ON」にして、FINで「PWM」を選ぶと右側MOSの下側に「PWM波形」が入力されます。

これを実現するには、**表5-3**のように、「BD6211」の5ピン(RIN)を「L」にし、4ピン(FIN)に「PWM」のパルスを入れます。

表5-3　「Table3」真理値表

Mode	FIN	RIN	VDEF	OUT1	OUT2	動作(OPERATION)
e	PWM	Ⓛ	V_{CC}	H	$\overline{\text{PWM}}$	正転(PWM制御A)
f	Ⓛ	PWM	V_{CC}	$\overline{\text{PWM}}$	H	逆転(PWM制御A)

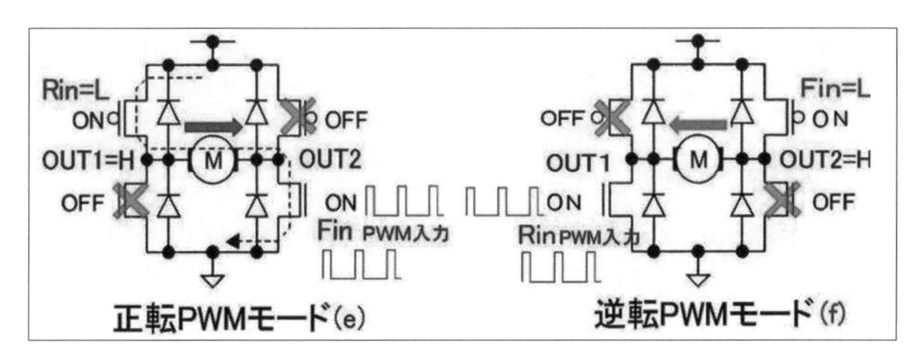

図5-9　PWM制御モード(Ⅰ)

■PWM可能な正逆回路(Ⅱ)

「制御方法Ⅰ」では、PWM信号は「下段のMOS」に入力されますが、「制御方法Ⅱ」では、「上段のMOS」に入力されます。

真理値表は、**表5-4**のとおりです。

表5-4　Table4真理値表

Mode	FIN	RIN	VDEF	OUT1	OUT2	動作(OPERATION)
e	Ⓗ	PWM	V_{CC}	$\overline{PWM}$	L	正転(PWM制御B)
f	PWM	Ⓗ	V_{CC}	L	$\overline{PWM}$	逆転(PWM制御B)

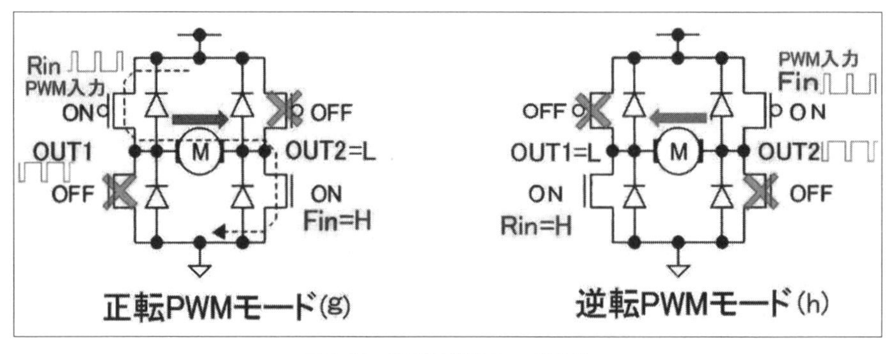

図5-10　PWM制御モード(Ⅱ)

PWM制御に「Ⅰ」と「Ⅱ」があり、「Ⅰ」は正逆回転で(e)と(f)に分かれます。「Ⅱ」は正逆回転で(g)と(h)に分かれます。

これを別の観点から分類すると、次のようになります。

①Rinを「L」にした場合

「モード(e)」となり、FinにPWMを入力します。

正転

②Rinを「H」にした場合

「モード(h)」となり、FinにPWMを入力します。

逆転

③Finを「L」にした場合

「**モード(f)**」となり、RinにPWMを入力します。

逆転

④Finを「H」にした場合

「**モード(g)**」となり、RinにPWMを入力します。

正転

■PWM可能なV_{REF}正逆回路

本章で用いた制御です(**図5-4の回路**)。

V_{REF}端子をうまく活用すると、外部からPWM制御ができるようになります。
「正転」は「Rin＝L、Fin＝H」で、「逆転」なら「Rin＝H、Fin＝L」です。

Arduinoでモータの回転数をカウントする

これまでの演習で、Arduinoを使ってモータを回転させることができました。
今回はモータの回転を「センサ」で調べて、決められた回転数になったらモータを停止する、ということをしてみましょう。

（注意）今回は前章（第5章）の図5-4の回路をそのまま使います。

6-1 「光センサ」と「反射型光センサ」

「光センサ」に「フォト・インタラプタ」という電子部品があります。
図6-1にあるように、「光を出す側」（たとえば「発光ダイオード」など）から「光を受け取る側」（「フォト・トランジスタ」など）に、細い「スリットの隙間」から「光」を出す部品です。

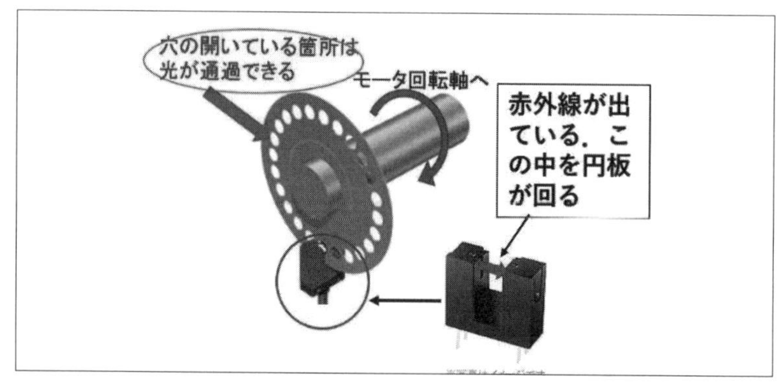

図6-1 「光センサ」で「回転数」を数える

「受け取る側」も「細いスリット」からしか「光」が入り込まないので、外部から別の光が入りにくく工夫されています。

その「送光側」と「受光側」の間の溝に、「穴の開いた円盤」を入れて回転させると、「光」が「通過」したり、「ふさがれ」たりするので、「穴の数」がカウントできるのです。

この原理は、**図6-2**のように「受光側」の「フォト・トランジスタ」④にあります。

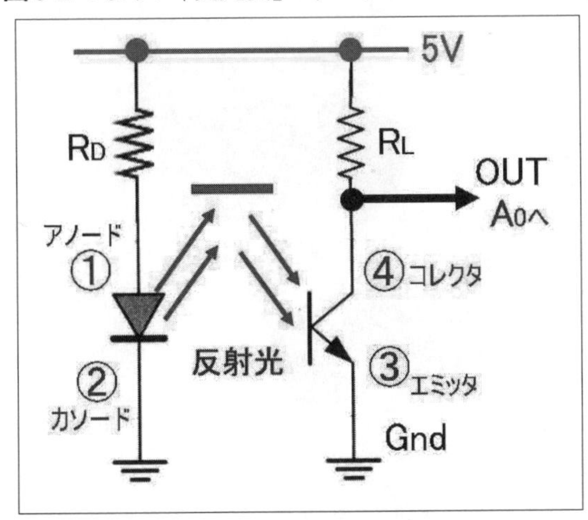

図6-2　光センサ検知回路

「光」が「エミッタ」部分に入ると電流が流れはじめ、トランジスタの「コレクタ」に大きな電流が流れます。

すると、③と④の間は「ショート状態」に近くなり、出力電圧「Vout」は「0V」近くになるのです。

＊

一方、「光」が遮られると③と④の間は「SWが開いた状態」に近く、「Vout」は高い電圧になります。

よって、閾値をうまく設定すれば、「ON」または「OFF」の回数を数えられ、「モータの回転数」が分かります。

＊

この「光センサ」以外に「反射型フォトセンサ」というのもあります。

図6-3の「発光器」から、「赤外線」(可視光の場合もある)が出ます。
「発光器」のすぐ横の「受光部」にできるだけ「光」が入らないような構造(間に衝立を入れるなど)です。

この状態で、「反射する材料」を近づけると、「反射光」が「受光部」に入り、内部の「フォト・トランジスタ」が反応して検出できます。
「反射板」の材料によっても感度が異なってきます。

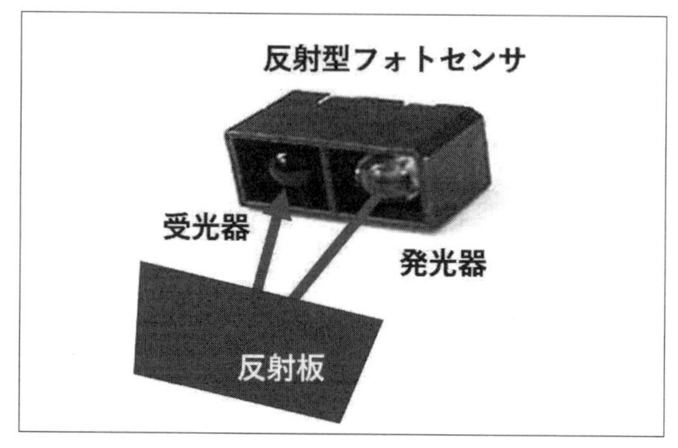

図6-3　反射型光センサ

＊

図6-4に簡単な回転検出例を示します。
反射が極端に違う色調の色で円板を塗り分けて、近くに「センサ」をもっていきます。

「白い部分」では光の反射量が多くなり、センサは反応しますが、「黒い部分」では反応しにくくなり、パルスの検出は1回転で1回だけです。
反射型のセンサの場合は、反射物を近づけると光量が増えるので、上手く使えば物体がどれくらい近づいたか推測できます。

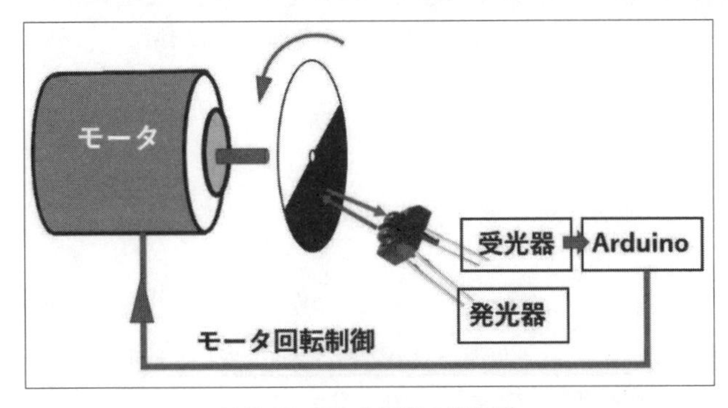

図6-4　モータ回転の検出例

しかし、「反射型」のほうが「フォト・インタラプタ」に比べて周囲の影響を受けるので、検出は難しくなります。

[演習1]

「反射型光センサ」を「ブレッドボード」に組み立てて反射の様子を確かめてみましょう。

ここでは、LETEX TECHNOLOGY CORP.（台湾）の「LBR-127HLD」を使います。

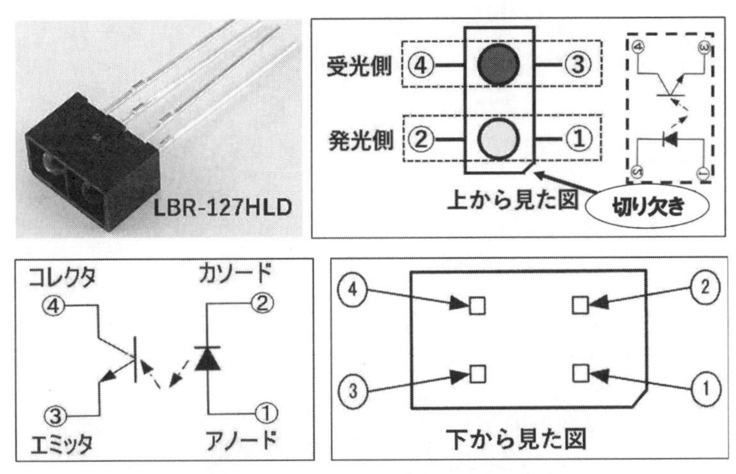

図6-5　LBR-127HLDのピン配置

ピンの「①アノード」の隅に切り欠きがあるので、注意してください。

製作中、このセンサの見間違いが多かったので、図6-6に上から見た図を書きました。

＊

具体的に配線をしてみましょう。

図6-2の回路を参照してください。

まず、ダイオードの「抵抗RD」ですが、規格表から順方向に「20mA」流れると「VF」は「1.5V」ですから、「5V－1.5V＝3.5V」となります。

これが抵抗の「両端電圧」です。

よって、「3.5V÷20mA＝175Ω」ですが、「220～330Ω」くらいの抵抗を入れてください。

次にコレクタの「負荷抵抗RL」ですが、抵抗が小さすぎると光が入ったときに「OUT」が「0V」に落ちないし、抵抗が大きすぎると「5V」に上がりません。

だいたい10KΩくらいにしておきましょう。

これをブレッドボードに組み立てます。

電源はブレッドボード専用の「5V電源」を使ってください。

「＋5V」としてはArduinoの「＋5V」とまったく別になりますが、GNDは共通にしないと、信号がArduinoで取れません。

両方のボードのGNDはつないでください。

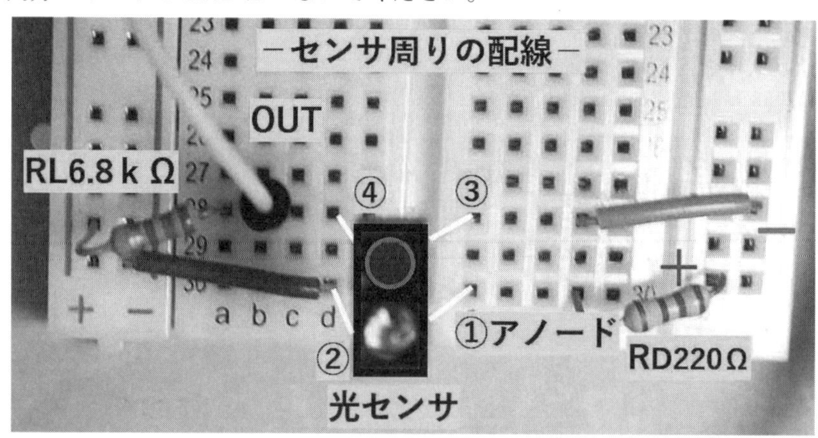

図6-6　光センサ配線

6-2 「反射型光センサ」のテストプログラム

下記のプログラムを入力して、ボード上のセンサに手をかざしたり、「反射板」(何でもよい。ハガキとか)を近づけたり離したりして表示の数値を調べましょう。

ともかく、センサに光が大量に入り込むほど、数値は大きく上下します。

```
const int pin = 0;                                   //ANALOG IN A0に
void setup() {
}
void loop() {
  int x;                                            //変数xは整数型
  x = analogRead(pin);                          //A0の値を0～1023に
  Serial.println(x);                                //表示するために
}
```

図6-7　反射光のデータの値

プログラムを動かして、指などを離したり近づけたりしてデータの変化を見ましょう。

反射が多いとトランジスタの「コレクタ」から「エミッタ」に電流が流れるため、「OUT端子」の電圧は下がり、数値は小さくなります。

逆に、反射光が入らなくなると、トランジスタは「OFF」に近づき、「OUT」の電圧は大きくなります。

この回路で簡単な対象物までの「距離」の測定ができるので、各自試してみてください。

[演習2]

「ブレッドボード」に「モータ」を接続して、遅い「回転数」で回し、回転数を数えるようなプログラムを作りましょう。

*

モータは5V前後の電圧で回る「ブラシ付きDCモータ」を選んでください。

モータ回路は**5章**の「VREF」による「PWM制御の回路」(**図5-4**)のまま使います。

[手順]

[1]「モータ」に反射板を手作りします。

図6-8のAは、つやつやした白い紙を「円盤状」に切り、半分を黒の「マジックインキ」で塗りつぶします。

こうすると、「白い部分」では光を「反射」し、「黒い部分」では「光」が「吸収」されるのです。

「1回転1回」のパルスとなります。

[2] Bは、つやつやした「白い紙」を「板状」に切ってそのまま回転させます。

反射するのは板状の紙が来たときだけです。

「1回転1回」のパルスとなります。

[3]「C」は、反射板をキチンと回るように両サイドから「ゴムチューブ」で挟み込んだところです。

ここでは「リード線」を、ニッパで被覆だけ取り出して使いました。

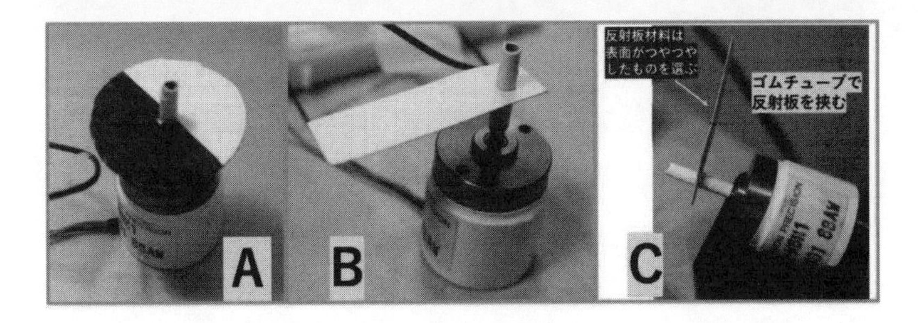

図6-8　反射板と固定方法

このプログラムで難しいところは、反射光の回路から得られる**図6-9**のような「パルス波形」から「パルスの数を数える方法」をプログラミングすることです。

もっと詳しく言うと、次の「パルスを見るタイミング」です。

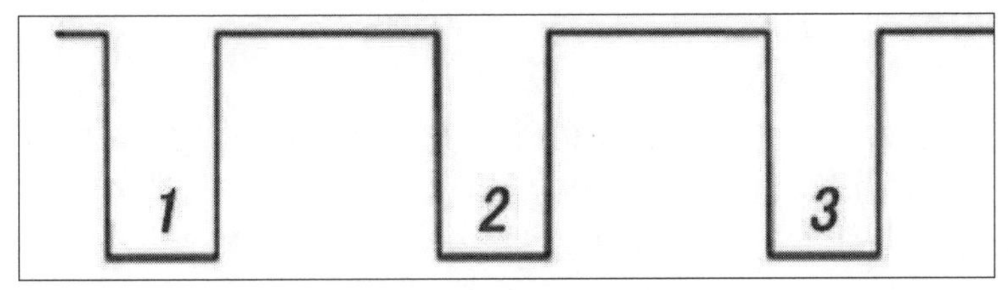

図6-9　パルス波形の数え方

上のパルスに対して「1、2、3…」というようにパルスをキチンと数える必要があります。

＊

図6-10のパルスの下の黒く短い「櫛」のようなものは、毎回パルスを見にいく時間間隔です。

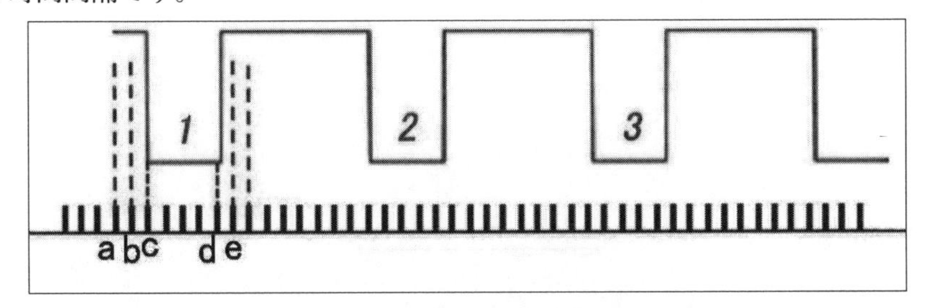

図6-10　「パルス波形」を数えるタイミング

つまり、「x = analogRead(pin);」の命令を実行したときの時間です。

この間隔が遅いと(aとbの間隔が開くと)パルスを正確に数えられません。

*

ともかく「analogRead(pin);」の命令が速く回ってくるようにしなくてはいけません。

仮に図6-10のように、パルスに対して「analogRead(pin);」の命令が速く回ってくるとすると、下記の考えで処理をするといいでしょう。

---

[1]「a」の時点で「パルスの電圧」(実際は「反射光」の光の強さ)が「H」(高い)とします。

[2]次に、「b」で再び見にいくと、やはり「H」です。

この場合、「H」なので見過ごします。

[3]次に「c」で見にいくと、レベルは「L」(低い電圧)になっているので、コンピュータは「パルスが来た！」と分かります。

しかし、レベルが上がるまで見過ごします。

[4]「d」になりました。

見に行くと「L」ですが、まだ、待ちます。

[5]「e」になりました。

見ると「H」に上がっているので、ここで、カウント用の箱を「1」に書き変えます(これまで「0」が入っていた)。

このようにして、パルスを数えていきます。

実際の全プログラム

```
const int pin = 0;            //アナログインを「A0」にするために
const int pinA = 13;                  //RINにつながる
const int pinB = 8;                   //FINにつながる
const int pinC = 6;      //モータ回転のパルス制御のため、Vrefにつながる
int f = 1;                    // fは回転速度0〜255までの数(f=1は遅い)
int x = 0;                    // xは反射型光センサの反射率の値
int k = 0;               // kはモータの回転数をかぞえるため、最初0
int th = 80;            //thは光センサの値をHかLかに判定するため
void setup() {
  digitalWrite(pinA, HIGH);          //ここの3つの命令で、モータ正回転
  digitalWrite(pinB, LOW);
  analogWrite(pinC, f);              //回転数最低速度の1で回すため
}
void loop() {
   x = analogRead( pin );
  while( x < th ){
       x = analogRead( pin );
   }
  while( x > th )
       x = analogRead( pin );
   k++;
  Serial.println( k );
}
```

[演習3]

反射型の「光センサ」を使い、モータが100回で停止するプログラムを作りましょう。

モータ停止プログラム

```
const int pin = 0;          ①
const int pinA = 13;      ┐
const int pinB = 8;       │  ②
const int pinC = 6;       ┘
int f = 1;
int x = 0;
int k = 0;
int th = 80;
void setup() {              ③
  digitalWrite(pinA, HIGH);
  digitalWrite(pinB, LOW);
```

```
    analogWrite(pinC, f);
}
void loop() {
  x = analogRead( pin );              ④
  while( x < th )                     ┐
      x = analogRead( pin );          ┘ ⑤

  while( x > th )                     ┐
      x = analogRead( pin );          ┘ ⑥

k++;                                  ⑦
   if( k >= 100 )                     ⑧
    digitalWrite( pinA,LOW);
  Serial.println( k );
}

x = analogRead( pin );
  while( x < th )                     ┐
      x = analogRead( pin );          ┘ ⑨


  while( x > th )                     ┐
      x = analogRead( pin );          ┘ ⑩

k++;
   if( k >= 100 )                     ⑪
    digitalWrite( pinA,LOW);
  Serial.println( k );
```

[プログラム解説]

①「アナログA0端子」につなぐ（この場合の「0」はArduinoの「アナログA0端子」のこと）。

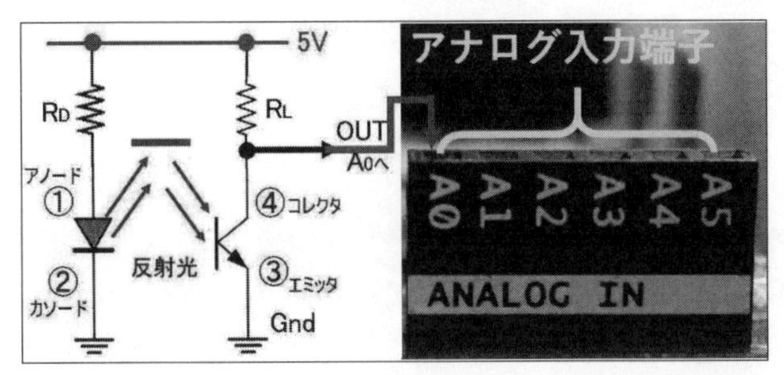

図6-11

②この場合の「13」「8」「6」はArduinoの「デジタル端子」のこと。

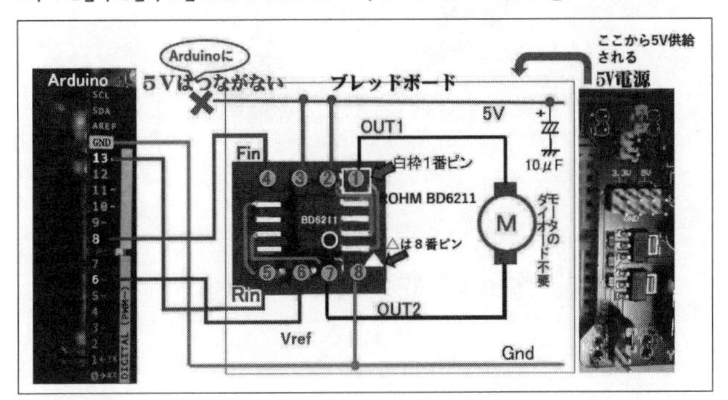

図6-12

③この値で、反射の有無を判別する。

④「A0」の電圧を読む。

⑤「電圧ｘ」が「th」より小さければ、再び「ｘ」を読む。

つまり、「反射板」がある間はここを回る。

⑤のループを抜けないときは、「x」の値が「th」の値より大きいからなので「th」を「80」より上げてみる。

⑥「反射板」がなくなって上のグルグル回る処理を抜けたとき、「ｘ」が「th」より

大きければ、「反射板」がない間ここを回る。

⑦抜けたら「k」を1つ増やす。

⑧「k」の値が「100」になったら「RIN」を「0V」に。
「モータ」は回転を止める。

⑨反射があればこの処理を回っている。
反射があるときの「x」の値は小さく、「x ＝30」くらい。
「x」の値は**6-2節**のテストプログラムで確かめて、「80」より大きければ「th」を書き換える。

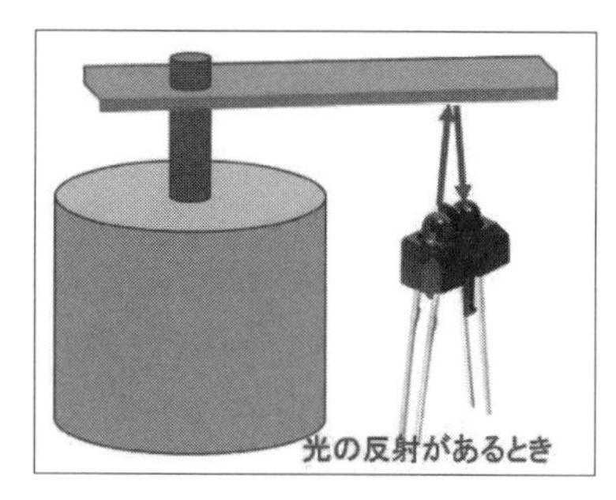

図6-13　光の反射があるとき

⑩反射がなければ、この処理を回っている。
反射がないときの「x」の値は大きく、「x =1000」くらい。

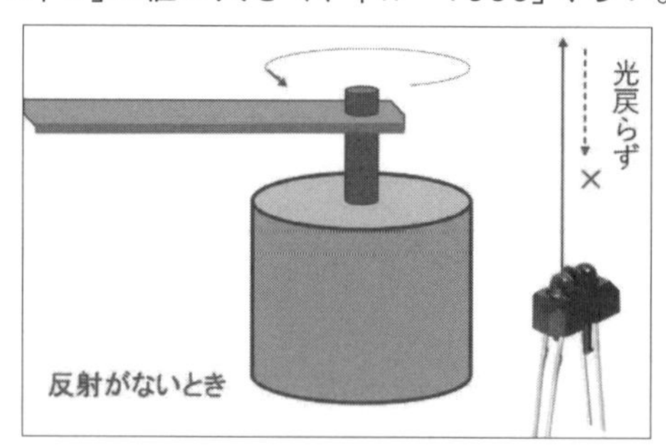

図6-14　光の反射があるとき

⑪「k」が「100」なら、「モータ」を止めて「loop」の先頭へ。

[演習4]

「モータ制御」を追加しましょう。

SWを押すとモータが回転するプログラムを作ります。

[手順]

[1] まず、第3章のSWの「接続ピン」とSWの「ON/OFF」の入力命令を調べます。
第3章では、SWは「8ピン」に挿していましたが、今章ではすでにモータを回す「FIN端子」のために使っています。

「13ピン」「8ピン」「6ピン」が使われているので、「DIGITAL」側の端子で空いているところを使ってください(「0ピン」「1ピン」は使えません)。

[2] 「SW」の状態を見にいきます。
「SW」を押していなければ、再度見にいきます。
押さない限りはこれを繰り返すので、次に進めません。
この部分を考えてプログラムしてください。

「If文」や「while文」を利用すればいいでしょう。

[3] 押すと、このループを抜けて、「モータ」を回転させるプログラムに進みます。

<PROG 1>

```
const int pinA = 13;            ①
const int pinB = 8;             ②
const int pinC = 6;             ③
const int pinD = 10;            ④
int f = 1;                      ⑤
int x;                          ⑥
void setup() {
  pinMode(pinD,INPUT_PULLUP);   ⑦
}
void loop() {
  x = digitalRead(pinD);        ⑧
  while(x == HIGH)
      x = digitalRead(pinD);
```

```
  digitalWrite(pinA, HIGH);
  digitalWrite(pinB, LOW);           ⑨
  analogWrite(pinC, f);
  delay(10000);                      ⑩
}
```

[プログラム解説]

①「13ピン」を「RIN」につなぐ。

②「8ピン」を「FIN」につなぐ。

③回転調整のため「6ピン」を「Vrif」につなぐ。

④「10ピン」を「SW」用に使う。
「GND」反対側に。

⑤「f」を「1」にするといちばん回転が遅い。

⑥「SW」の「ON/OFF」状態を格納する変数。

⑦「10ピン」はSWにつながる。

⑧ここがSWを「押したら/押さなかったら」というプログラム。

⑨これで、「f =1」のスピードでモータが回転する。

⑩「10秒」たって、「loop()」の頭に戻る。

上の＜PROG1＞は、最初の1回は、「SW」を押すとモータが回りますが、もう一回「SW」を押しても、何の変化も起こりません(モータは回りっぱなし)。

そこで、たとえば、「10秒回るとモータが止まり、再びSWを押すとまた回る」というように改造しましょう。

下記のプログラムは、変更する「loop()」の中だけを書き出しています。

<PROG2>

```
void loop() {
  x = digitalRead( pinD );
  while(x == HIGH){
      x = digitalRead( pinD );
      Serial.println(x);
   }
  digitalWrite(pinA, HIGH);
  digitalWrite(pinB, LOW);
  analogWrite(pinC, f);
  delay(10000);
  digitalWrite(pinA, LOW);
  digitalWrite(pinB, LOW);
}
```

*

次のようなプログラムを作りましょう。

(1) プログラムをスタートさせても、モータは回らない。
(2) 「SW」を押すとどちらかに回転を始め、「10秒」たつと止まる。
(3) 再び「SW」を押すとこんどは反対方向に回り、また、「10」秒で止まる。

<PROG3>

```
const int pinA = 13;
const int pinB = 8;
const int pinC = 6;
const int pinD = 10;
int f = 1;
int x;
int y = 1;
void setup() {
  pinMode(pinD,INPUT_PULLUP);
  digitalWrite(pinA, LOW);
  digitalWrite(pinB, LOW);
}
void loop() {
  x = digitalRead( pinD );
  while(x == HIGH){
```

```
    x = digitalRead( pinD );

  digitalWrite(pinA, y);
  digitalWrite(pinB, !y);//イ
  analogWrite(pinC, f);
  Serial.println(y);           ①
  delay(10000);
  digitalWrite(pinA, LOW);
  digitalWrite(pinB, LOW);
  y = !y;                //ロ
}
```

[プログラム解説]

最初は「y =1」です。

ここにきて、「pinA」に「1」を出します。つまり「Rin=1;」となります。

*

次に「イ」ですが、「pinB」に「!y」が入ります。

「y」は「1」でしたから、「!y」は、ひっくり返って「y =0」となります。

よって、「Fin=0」で、逆方向に回転します。

その後、「ロ」で「y=!y」があると、ここにくるたびに「y」はまた反転して、「y =1」になります。

第7章

Arduinoで「ステッピング・モータ」を回す

「ステッピング・モータ」という、デジタル的な動きをするモータについて見ていきましょう。

＊

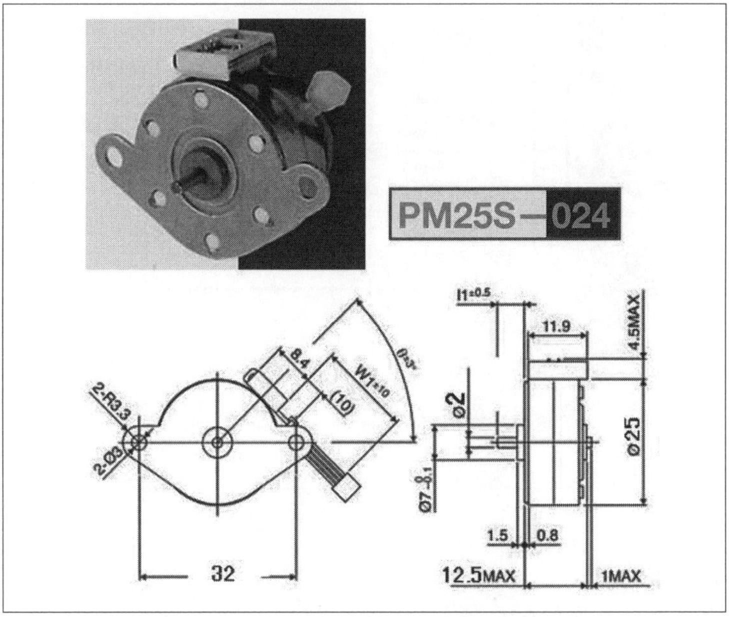

図7-1　「ステッピング・モータ」の形状寸法

モータを回転させるだけなら、ワイヤが2本だけですぐ回り出す「DCモータ」が手っ取り早く、これまで多くの工作機器のなかで使われてきました。

数百円でこのモータを買って、軸に厚紙で針を作りArduinoから命令すると、非常に正確な「デジタル時計」ができる優れものです。

しかし、「DCモータ」は止めるのが難しいので、「制御をする」となると途端に難しくなります。

「ステッピング・モータ」はワイヤが6本だったり4本だったりします。
また、「電池」をつないで回り出すだろうと思っても回ってくれません。
ある順番でワイヤに通電しないと、まったく動きません。

7-1 製作のポイント

今回製作する回路図を、**図7-2**に示します。

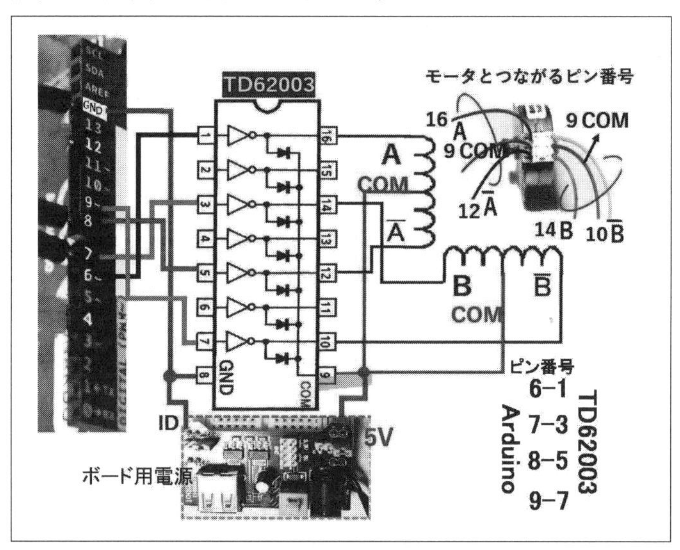

図7-2 Arduinoとモータ接続

今回使った「モータ」について記します。
図7-1に示すような「Minebea」の「PM25S-024」という品番の「ステッピング・モータ」で、パーツ店にたくさん置いてあり、「小型軽量」「低価格」「低電力タイプ」だったことによります。

「ステップ数」は「15°」ですから、1回転で「24ステップ」になります。

「2相励磁」(バイポーラ)で使えます。

「Arduino」からの信号は、いったん、「ダーリントン・シンク・ドライバ」、「TD62003」を介して、「ステッピング・モータ」のコイルに入ります。

「Arduino」の5V電源は、モータ側では一切使いません。

「モータ」や「ドライバIC」には、「ブレッドボード専用の電源」から供給しています。

「Arduino」からブレッドボードには、「GNDをつなぐ線」が1本と、「信号線」が4本の、「計5本」だけです。

GNDを「Arduino」と「ブレッドボード」共通にしてください。

図7-2を見てください。

「モータ」に4本のワイヤが必要です。

Arduinoの「6」～「9ピン」を使います。

これらのピンは、ドライバに入り、電流を増幅させて、「モータ」の各コイルに至ります。

具体的にはこのようになります。

6ピンー＞1番端子ー＞16番ー＞Aコイル
7ピンー＞3番端子ー＞14番ー＞Bコイル
8ピンー＞5番端子ー＞12番ー＞$\overline{A}$コイル
9ピンー＞7番端子ー＞10番ー＞$\overline{B}$コイル

この章では、この結線は変わりません。

ブレッドボードの「+5V」と「GND」に「電界コンデンサ」を入れておきます。(「16V以上」の「22～100 μF」くらいでしょう)。

これは、コイルを使うデバイスは、スイッチを切った瞬間に「逆起電圧」が発生するからです。

図7-3を見ると、モータに「**A相**」と「**B相**」の2つのコイルがあります。

「A相」と「B相」のコイルの「通電」(励磁)を使い分けると、「**1相励磁**」「**2相励磁」「1－2相励磁」と変更可能です。

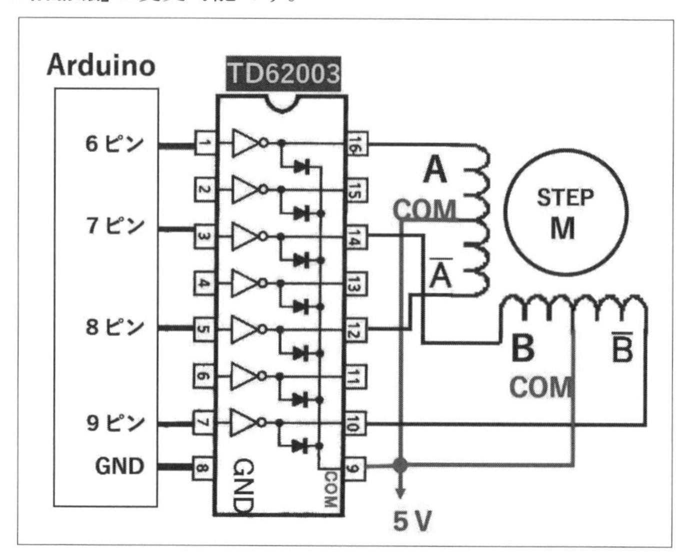

図7-3　モータとドライバ

＊

まず、「A相」を見てください。

AからĀに、向きを変えずに1つのコイルが巻いてあり、「COM」は「センター」の位置とします。

すると、「COMからA側に通電」するのと、「COMからĀ側に通電」するのでは、磁場が「逆」になります。

「B相」も同じですが、A相とは少し角度がズレています。

ちょうど「右手」と「左手」を櫛のように組むと、互いの指と指が間に入りますね。

ここで、左手だけなら「親指→人差し指→中指」と粗く回転しそうですが、そうはなりません(安定位置で動けない)。

しかし、右手と組んで通電すると、上手く回転します。

「左親指→右親指→左人差し指→右人差し指」と回り、しかも片手のときよりもその半分の角度で回ることができます。

そこで「A相」と「B相」が必要なのです。

＊

ドライバは東芝の「TD62003」を使いました。
これは「7回路」入っています。

「VCE」が「50V」(最小)、「Iout」が「500mA」(最大)あります。
逆起電力をクランプするダイオードが付いています。

＊

「Arduino」の12pinにドライバを介して、モータの「A相」の「Aコイル」がつながっています。
図7-4に示すように、①の6pinを「HIGH」にすると、TD62003の「インバータ」の出力②は「○」印があるので「LOW」となります。
よって、③のように「Aコイル」を通った電流を吸い込みます(Sink電流とも言います)。

通電が終わり、①の6pinを「LOW」にすると、インバータ②は「HIGH」になります。

「Aコイル」の電流は②内に入れないので、④に示すように「ダイオード」を回って低い電圧に抑えられて電流を消費し、インバータ内のトランジスタを保護します。

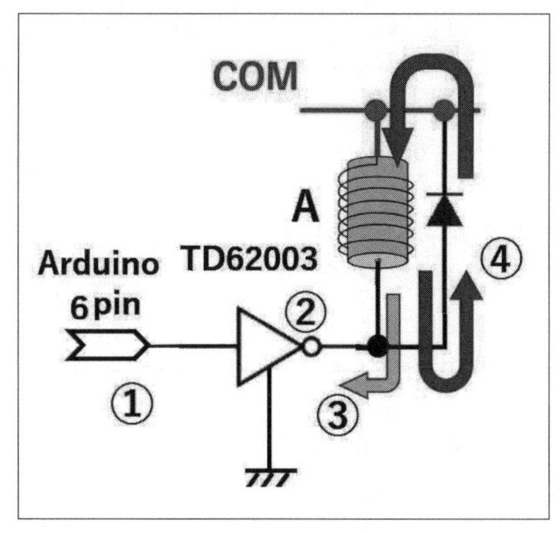

図7-4　ドライバについて

7-2 プログラミング①

「ステッピング・モータ」の駆動方法には、主に、**「1相励磁」**と**「2相励磁」**があります。

まず、**「1相励磁」**のプログラミングから始めましょう。

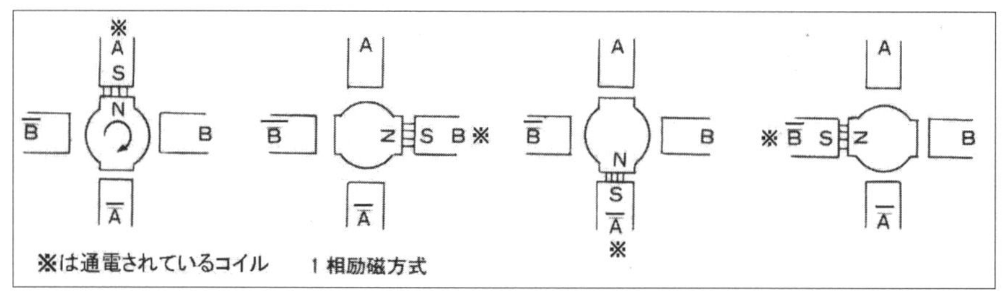

図7-5 「ステッピング・モータ」の「1相励磁」

「1相励磁」は、上図のように**「毎回1つの磁極に通電して回転する方式」**です。

図の左からまず、「Aコイル」に通電。
次に「Aコイル」を「OFF」にして「Bコイル」に通電します。
このようにして、通電を切り替えていくことで、モータを回転させます。

Aのコイルに通電するには、「Arduino」の「6ピン端子」を「ON」にします。

すると、「TD62003」の「入力1番」に入り、パワーアップして「16番の出力」につながる「コイルA」を駆動。

「6ピン」を「出力モード」にするためには、「pinMode(pinA,OUTPUT);」の宣言文が必要です。
そして、「digitalWrite(pinA, HIGH);」とします。
これで、「コイルA」に電流が流れます。

※このとき、**「他のコイルがOFFになっていること」**が重要です。

```
const int pinA = 6;

void setup() {
pinMode(pinA,OUTPUT);
}

void loop() {
    digitalWrite(pinA, HIGH);
  …..
}
```

以下、下記のように書いていきます。

```
    digitalWrite(pinA, HIGH);
    digitalWrite(pinB, LOW);
    digitalWrite(pinC, LOW);  //Aのコイルだけが ON 他は OFF という内容。
    digitalWrite(pinD, LOW);
    delay(k);

    digitalWrite(pinA, LOW);
    digitalWrite(pinB, HIGH);    //Bのコイルだけが ON 他は OFF
    digitalWrite(pinC, LOW);
    digitalWrite(pinD, LOW);
    delay(k);   //この「delay(k);」がないと、電磁石になる時間が足りない
```

1相励磁プログラム例

```
const int pinA = 6;                    <プログラムI>
const int pinB = 7;
const int pinC = 8;
const int pinD = 9;
int k = 600;
void setup() {
  pinMode(pinA,OUTPUT);
  pinMode(pinB,OUTPUT);          //pinA～pinD まで OUTPUT モードとする宣言
  pinMode(pinC,OUTPUT);
  pinMode(pinD,OUTPUT);
}
void loop() {
    digitalWrite(pinA, HIGH);
    digitalWrite(pinB, LOW);             //pinAのみON、他のpinはOFF。
```

```
    digitalWrite(pinC, LOW);            //コイルAのこと
    digitalWrite(pinD, LOW);
    delay(k);                       //kは0.6秒とした

    digitalWrite(pinA, LOW);
    digitalWrite(pinB, HIGH);       //pinBのみON。コイルBのこと
    digitalWrite(pinC, LOW);
    digitalWrite(pinD, LOW);
    delay(k);

    digitalWrite(pinA, LOW);
    digitalWrite(pinB, LOW);         //pinCのみON。コイルĀ のこと
    digitalWrite(pinC, HIGH);
    digitalWrite(pinD, LOW);
    delay(k);

    digitalWrite(pinA, LOW);
    digitalWrite(pinB, LOW);         //pinDのみON。コイルB̄ のこと
    digitalWrite(pinC, LOW);
    digitalWrite(pinD, HIGH);
    delay(k);
}                               //先頭に、繰り返す
```

7-3 プログラミング②

次に、**「2相励磁」**で「ステッピング・モータ」を回してみましょう。

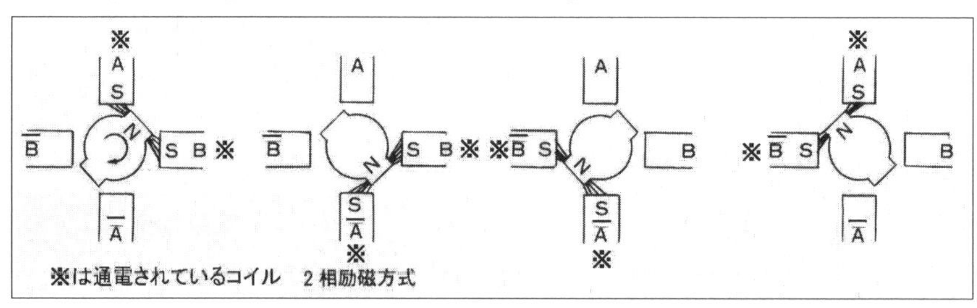

図7-6 「ステッピング・モータ」の「2相励磁」

「2相励磁」は、一度に**「隣り合う2つの磁極がON」**になります。

一度に2つの磁力で引っ張るので、1相励磁に比べて「回転トルク」(回そうとする力)は大きいです。

「AB」と「ON」にしたら、次は「BA」を「ON」にします。

「1相」と「2相」は、「1パルスでの回転角度」は同じです。

2相励磁プログラム例

```
const int pinA = 6;  <プログラムII>
const int pinB = 7;
const int pinC = 8;
const int pinD = 9;
int k = 500;
void setup() {
  pinMode(pinA,OUTPUT);
  pinMode(pinB,OUTPUT);
  pinMode(pinC,OUTPUT);
  pinMode(pinD,OUTPUT);
}

void loop() {
    digitalWrite(pinA, HIGH);
    digitalWrite(pinB, HIGH);
    digitalWrite(pinC, LOW);       ①
    digitalWrite(pinD, LOW);
    delay(k);

    digitalWrite(pinB, HIGH);
    digitalWrite(pinC, HIGH);
    digitalWrite(pinA, LOW);       ②
    digitalWrite(pinD, LOW);
    delay(k);

    digitalWrite(pinC, HIGH);
    digitalWrite(pinD, HIGH);
    digitalWrite(pinA, LOW);       ③
    digitalWrite(pinB, LOW);
    delay(k);

    digitalWrite(pinD, HIGH);
    digitalWrite(pinA, HIGH);
    digitalWrite(pinB, LOW);       ④
    digitalWrite(pinC, LOW);
    delay(k);
}
```

①→②→③→④と回り、①が終わった時点で「15°×4＝60°」進みます。
よって、④まで終わると240°回転したことになります。

7-4 「ステッピング・モータ」でプログラム演習

「ステッピング・モータ」や「LED」を使って、もう少しプログラムの学習をしましょう。

[演習1]

「ステッピング・モータ」を「半回転(180°)ステップ」で進めてみましょう。
そこで止まります。

[ヒント]

前回、1周して止めたので、簡単ですね！
「for文」を使います。
「4ステップ」のユニットを何回まわしたらいいですか？

このまま実行すると、半回転では止まりません。
そこで、いちばん最後の「}」の前に「while(1);」を入れる必要があります。
「for文」は、以下のとおりです。

```
int k；                    //4ステップのユニット
......
for (k=0; k<?? ; k++) {

}
```

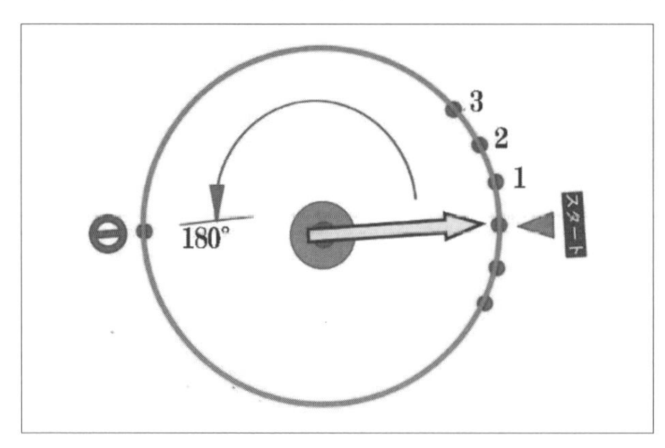

図7-7 ステッピング・モータ刻

[演習2]

「演習1」と同じプログラムを「while文」で書き替えてみましょう。

[ヒント]

上の赤枠の「for文」を「while文」に直すと、下記のようになります。

```
    int k = 0;
     .....
    while( k < ?? ) {                    //4ステップのユニット



k++ ;
    }
```

[演習3]

スタートから「10ステップ」で止めてみましょう。

[ヒント1]

4ステップのユニットをグループにして、「for文」や「while文」で回すと、「4」「8」「12」「16」ステップで動くが、「10ステップ」にはできません。さあ、どうしますか？

「A→B→$\overline{A}$→$\overline{B}$」の4文を実行すると、4ステップずつで回ります。

これをもう一度繰り返すと、さらに「A→B→$\overline{A}$→$\overline{B}$」と動くので計「8ステップ」。

しかし、その次は「12ステップ」となってしまいます。

[ヒント2]

「Arduino」の「6〜9ピン」の出力を「0」とします。

すると、「1ステップ」だけ動かしたい場合、「pn = 6」として、「digitalWrite(pn, 1);」とすれば「6ピン」に「1」、つまり、「HIGH」を書き込むので、Aコイルが「ON」となり、「1ステップ」進みます。

さらに、次の「1ステップ」は、「pn＝7」として、「digitalWrite(pn, 1);」とすればいいのです。

そして「pn＝8」「pn＝9」とすると、「1ステップ」ずつ、「計4回」動きます。

ただし、「ピン6」が「1」のままでは、いけません。

「ピン7」に切り替える前に「ピン6」を「0」にすることと、「delay (100) ; 」くらいの間を入れる必要があります。

つまり、下記のように記述できます。

```
digitalWrite(pn, 1);
delay(k);
digitalWrite(pn, 0);
```

これをピン6〜ピン9で4回動かすと、「A→B→$\overline{A}$→$\overline{B}$」と、4ステップユニットが出来上がります。

```
for(pn=6; pn<=9; pn++){
digitalWrite(pn, 1);                                   ①
delay(k);
digitalWrite(pn, 0);
}
```

[プログラム解説]

①これで「4ステップユニット」が完成です。

この4ステップで「15°×4＝60°」進みます。

このブロックを6回回すと、「60°×6＝360°」なのでモータは1回転します。

これを活用してプログラムを作ってみましょう。

[演習4]

「SW」を押すたびに1ステップずつモータが動くプログラムをつくりましょう。

■演習の解答例

[演習1の解]　「for文」で「180°回転」し、止まる。

「for文」で「ステッピング・モータ」180°回転

```
const int pinA = 6;
const int pinB = 7;
const int pinC = 8;
const int pinD = 9;
int k = 700;
int n = 0;
void setup() {
  pinMode(pinA,OUTPUT);
  pinMode(pinB,OUTPUT);
  pinMode(pinC,OUTPUT);
  pinMode(pinD,OUTPUT);
}
void loop() {
    for(n=0; n<3;n++){
    digitalWrite(pinA, HIGH);
    digitalWrite(pinB, LOW);
    digitalWrite(pinC, LOW);
    digitalWrite(pinD, LOW);
    delay(k);
    digitalWrite(pinA, LOW);
    digitalWrite(pinB, HIGH);
    digitalWrite(pinC, LOW);
    digitalWrite(pinD, LOW);
    delay(k);
    digitalWrite(pinA, LOW);
    digitalWrite(pinB, LOW);
    digitalWrite(pinC, HIGH);
    digitalWrite(pinD, LOW);
    delay(k);
    digitalWrite(pinA, LOW);
    digitalWrite(pinB, LOW);
```

```
    digitalWrite(pinC, LOW);
    digitalWrite(pinD, HIGH);
    delay(k);
  }
  while(1) ;
}
```

[演習2の解]

「while文」で「ステッピング・モータ」180°回転

```
const int pinA = 6;
const int pinB = 7;
const int pinC = 8;
const int pinD = 9;
int k = 700;
int n = 0;
void setup() {
  pinMode(pinA,OUTPUT);
  pinMode(pinB,OUTPUT);
  pinMode(pinC,OUTPUT);
  pinMode(pinD,OUTPUT);
}
void loop() {
    while(n < 3){
    digitalWrite(pinA, HIGH);
    digitalWrite(pinB, LOW);
    digitalWrite(pinC, LOW);
    digitalWrite(pinD, LOW);
    delay(k);
    digitalWrite(pinA, LOW);
    digitalWrite(pinB, HIGH);
    digitalWrite(pinC, LOW);
    digitalWrite(pinD, LOW);
    delay(k);
    digitalWrite(pinA, LOW);
    digitalWrite(pinB, LOW);
    digitalWrite(pinC, HIGH);
    digitalWrite(pinD, LOW);
    delay(k);
    digitalWrite(pinA, LOW);
    digitalWrite(pinB, LOW);
    digitalWrite(pinC, LOW);
    digitalWrite(pinD, HIGH);
    delay(k);
```

```
    n++;
  }
```

［注意］

このプログラムは180°で止まりますが、「n」が3以上になると{…}の中が実行されず、最後の命令でロックされたままで止まります。

他のプログラムでも、長時間放置するとモータが過熱する可能性があります。

［演習1,2の別解］

モータが180°で止まる

```
int k = 600;
int pn;
int no = 0;
void setup() {
  for(pn=6;pn<=9;pn++)
    pinMode(pn,OUTPUT);
}
void loop() {
  while(no < 3){
    for(pn=6; pn<=9; pn++){
      digitalWrite(pn,1);
      delay(k);
      digitalWrite(pn, 0);
    }
    no++;
  }
}
```

［演習3の解］

モータが10ステップで止まるプログラム

```
int k = 600;
int pn;
int no = 0;
void setup() {
  for(pn=6; pn<=9; pn++)
  pinMode(pn,OUTPUT);
}
void loop() {
    for(pn=6; pn<=9; pn++){
      digitalWrite(pn,1);
      delay(k);
```

```
      digitalWrite(pn, 0);
      no++;
      if(no==10)
        while(1);
    }
}
```

[演習4の解]

「SW」を押すとモータが「1ステップ」進む

```
int k = 300;
int pn;          //pnはモータのため番号(6,7,8,9ピンを指す)
void setup() {
  pinMode(2,OUTPUT);      //ピン2はLEDであるため(出力である)
  pinMode(3,INPUT_PULLUP);    //ピン3はSWであるため
  for(pn=6; pn<=9; pn++)        //ピン6〜ピン9まで繰り返す
    pinMode(pn,OUTPUT);      //全部出力に設定する
}

void loop() {
  while((digitalRead(3)==HIGH))  //もしSWが5V(押していない)なら
    digitalWrite(2,LOW);          //LED点灯しない

  for(pn=6; pn<=9; pn++){        //まず、pnの6に
    digitalWrite(2,HIGH);        //LED点灯！
    digitalWrite(pn,1);      //pnつまり、6品に5Vだす。1つ進む！
    delay(k);                //これをしばらく保持(0. 3秒くらい)
    digitalWrite(pn, 0);    //pnは6だが、これを0Vに

    while((digitalRead(3)==HIGH))  //SWを押した？
digitalWrite(2,LOW);                  //押さないなら押すまで足止め！
   }      //もしSW押したら、ここに降りてきてpnを7ピンにして、繰り返す
}
```

補足 「Stepperライブラリ」を使う場合

「Arduino」の日本語リファレンスに「Stepper」というライブラリの使い方が記載されています。

「ユニポーラ」および「バイポーラ」の「ステッパ・モータ」をコントロールするためのライブラリです。

*

このライブラリを利用するには、「ステッパ・モータ」と制御のための適切なハードウェアが必要です」とあり、以下の3項目が記載されています。

- Stepper(steps, pin1, pin2, pin3, pin4)
- Stepper: setSpeed(rpms)
- Stepper: step(steps)

表7-1 「Stepperライブラリ」の関数

1.	Stepper(steps, pin1, pin2, pin3, pin4) pin1, pin2: モータに接続されているピンの番号 pin3, pin4: (オプション) 4ピンのモータの場合 **【戻り値】** 作成されたインスタンス	**【パラメータ】** steps:1回転あたりのステップ数 (int) 数値がステップごとの角度で与えられている場合は、360をその数値で割ってください。 (例)「360/3.6」で100ステップ 作成されてインスタンスの例 Stepper myStepper = Stepper(100, 5, 6);
2.	Stepper: setSpeed(rpms) **【パラメータ】** rpms: スピード。1分間あたり何回転するかを示す正の数(long) **【戻り値】** なし	モータの速さを毎分の回転数(RPM)で設定します。 この関数はモータを回転させることはありません。 「step()」をコールしたときのスピードをセットするだけです。
3.	Stepper: step(steps) **【パラメータ】** steps: モータが回転する量(ステップ数)。負の値を指定することで逆回転も可能です (int)	「setSpeed()」で設定した速さで、指定したステップ数だけモータを回します。 この関数はモータが止まるのを待ちます。 もし、スピードを1RPMに設定した状態で、100ステップのモータに対してstep(100)とすると、この関数が終了するまでまるまる1分間かかります。

3.	【戻り値】 なし	上手にコントロールするためには、スピードを大きく設定し、数ステップずつ動かしたほうがいいでしょう。

＊

これらの関数を使って、「ステッピング・モータ」を動かしてみましょう。

この章で使っている「ステッピング・モータ」の1回転のステップを求める必要があります。

これは、演習3の⑤に、

「これで、4ステップユニットが完成。このブロックを6回まわすと、モータは1回転する!!」

とあるので、

4×6＝24ステップ/1回転

となります。

ちなみに、「360°/24＝15°」なので、このモータは通常1ステップで15°ずつ進みます。

［注意］
この章では、2相コイルのバイファイラ巻をバイポーラ駆動していました。
分かりやすく言うと、1相のコイルのセンターにタップを出して、ここから+5Vを供給、A側に通電するか、$\overline{A}$側に通電するかでした。
しかし、もう1相あるため、モータを動かすのは、A(6ピン)→B(7ピン)→$\overline{A}$(8ピン)→$\overline{B}$(9ピン)の順でした。

これを頭に置いて配線すると、モータは、振動はしますが、回りません。
なぜかというとこのライブラリでは、ピンの順番は、A→$\overline{A}$→B→$\overline{B}$となっているからです。

そこで、(1)「6、7、8、9」となっている配線を「6、8、7、9」とつなぎ変えるか、(2)プログラム内で、

```
    Stepper yokaStep(spr, 6,8,7,9);
```

と変更するかしてください。

下記のプログラム例では、プログラムを変更しました。

補足：ライブラリを試す

```
#include <Stepper.h>                        ①
const int spr = 24;                         ②
Stepper yokaStep(spr, 6,8,7,9);             ③

void setup() {
    yokaStep.setSpeed(5);                   ④
}

void loop(){
  yokaStep.step(spr);                       ⑤
delay(6000);                                ⑥
  yokaStep.step(-spr);                      ⑦
  delay(5000);                              ⑧
}
```

[プログラム解説]

ハードでは、6ピンは「A」で7ピンは「B」、8ピンは「$\overline{A}$」、9ピンは「$\overline{B}$」と結線してあります。

実際に確かめたところ、モータは「2相励磁」で回転します。

このモータは1回転24ステップなので「spr」を「24」にすると、1回転で終わりです。

キッチリ4回転させたければ、「4×24 ＝ 96」を代入します。

もし「100」と設定すると、止まるのは4回転と4ステップの位置です。

回転の速さは、「setSpeed()」の数で決まり、数が大きいほうが回転が速くなります。

目安は1分間で何回転させたいかという数を入れることです。

①「Stepper」という「ライブラリ」を読み込む。

②次の「Stpper」の第1引数に必要。

「spr」は1回転当たりの「ステップ数」。

③まず、「Stepper」クラスのインスタンスを「yokaStep」として生成して、コイルに通電する順番を決めます。

「yokaStep(spr,6,8,7,9);」なら、最初に「A」の6ピン、次に「Ā」の8ピン、「B」の7ピン、最後は「B̄」の9ピンとなります。

④1分間当たりの「回転数」を設定。

ここでは1分間でおよそ「5回転」となる早さです。

これは「60秒/5回転＝12」なので、モータが「1回転12秒」で回るようなスピードに設定しました。

⑤「setSpeed(5)」で設定した速さで、設定した「ステップ数」(24)だけ回ります。

このモータは「24ステップ」で1回転なので、④と合わせると1回転を12秒で回って止まることになります。

例として、②の「spr」を(他は変えないで)「96」に変えると、「96/24＝4回転」なので、「4回転するタイムが12秒」となります。

⑥1回転が終わって6秒間をおきます。

⑦「－spr」となっているので逆方向に回り始めます。

1回転逆回りで12秒で止まる.

⑧1回転終わって、5秒間をおきます。

⑤に戻ります。

第8章

「ステッピング・モータ」の回転に合わせて音を出す

「圧電スピーカー」を利用して、「音色」は変えられませんが、「ドレミ」などの「音階」を作ってみましょう。

次に、「ステッピング・モータ」が1ステップ動くたびに「音」が出るようにしましょう。

8-1 圧電スピーカー

使うスピーカーは、図8-1、8-2に示すような「圧電スピーカー」と言われるもので、非常に薄型のわりに、ほどよい「音圧」を得ることができます。

小型でそこそこの音源を再生できるため、スマホなどの電子機器にも使われています。

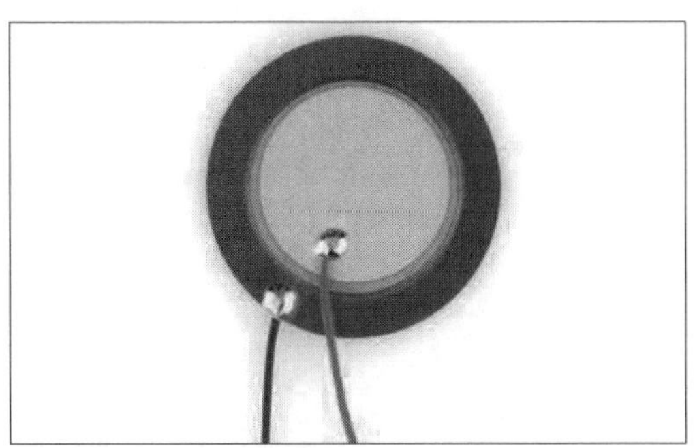

図8-1 「圧電ブザー」ケースなし

図8-2 「圧電スピーカー」ケース付

原理は、**図8-3a**に示すように薄い金属板の片方に「圧電セラミックス」が強固に接着されています。

この「圧電セラミックス」に電圧がかかると伸びますが、金属板が背面に貼り合わされているので、同図のように反り返り「凸面」になるように曲がります。

こんどは逆向きの電圧をかけると、「凹面」になるように、逆向きに曲がります。

電圧の向きが交互に変わる信号を入力すると、**図8-3b**に示すように金属板が交互振幅を繰り返し、音波が発生します。

また、**図8-2**を見ると中の円板を隠すようにプラスティックで覆われ、小さな穴しかみえません。

これはちょっとでも感度を上げ、ある程度「周波数特性」をフラットにするための工夫と思われます。

＊

「ヘルムホルツの共鳴」とすると、金属板の直径が「30mm」、中の空洞の高さは「2mm」、開口部の穴は「6mm」、この穴の高さは「2mm」これより、「音速」「c＝3.5×105［mm/s］」「S=(6/2)2 π」「V＝(30/2)2 π×2mm」「開口部の長さ ℓ

＝2mm」となり、

$$f=\frac{c}{2\pi}\sqrt{\frac{S}{Vl}}$$

＝7654［Hz］となります。

これに、この振動板固有の「f0」（周波数を上げていったときに、最初に起こる共振周波数）から、二山の帯域周波数を持ち上げる特性になります。

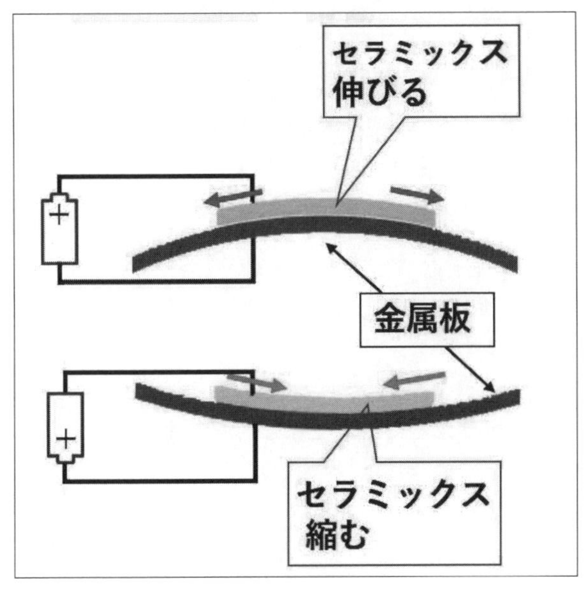

図8-3a　「圧電スピーカー」の原理

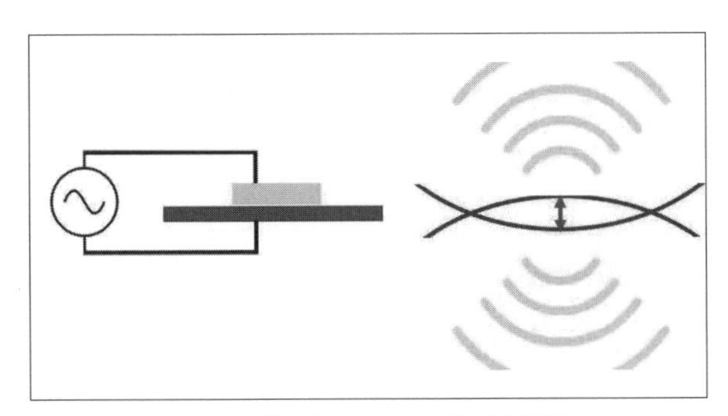

図8-3b　「圧電スピーカー」に交流電圧

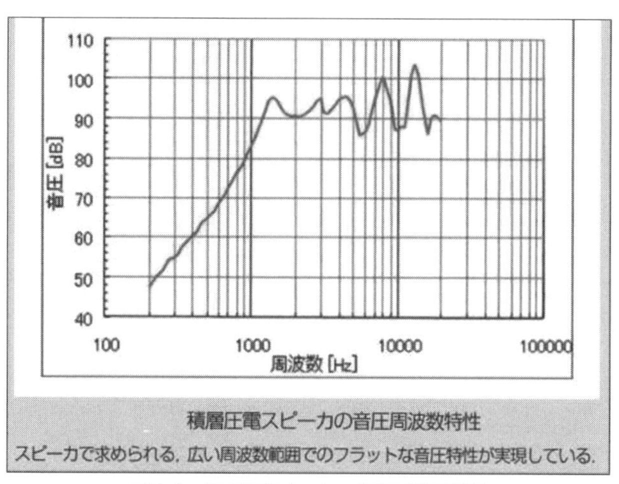

図8-4 「圧電スピーカー」の周波数特性

図8-4にあるように「圧電スピーカー」の周波数特性は、だいたい「1kHz」くらいから上の領域で効果を発揮します(いろいろ工夫して、音域を低域に伸ばす試みもなされています)。

＊

また、逆に、振動を与えると、マイクにもなります。

特に「機械振動」などの集音には役に立つでしょう。

小型電子機器には使いやすいデバイスです。

[演習1]

この「圧電スピーカー」から音を出してみましょう。

スピーカーから「赤い線」と「黒い線」の2本が出ていますが、ここでは極性が関係しません。

赤い線をArduinoのPWM波を発生させられる「10ピン」(または「11ピン」)につないでみましょう。

黒い線はGNDにつなぎます。

関数「analogWright(10,128);」を実行すると、10ピンに約2.5Vの「方形波」(くし形の電圧)が現われます。
　約490Hzの音が出ます。

　ここで、「128」の数値を最大の「255」に変えると音圧が大きくなると思われますが、音は出てきません。
　なぜでしょうか。

　これは、この関数「analogWright()」が、**図8-5**のように一定時間の中で「ON」と「OFF」の割合を変えるだけなので、「255」とすると、完全に「ON」となり、セラミック振動板が片方に反りかえったままで振動しないからです。

*

　同様に、「ON」時間を「0」にすると、セラミック振動板に電圧がかからず、変位しないので、やはり音が出ません。

　「128」にすると、「ON」と「OFF」が半々で「反り」と「真っすぐ」の繰り返しが一番活発となり、最大の音圧になります。

　しかし、反対側には反りませんので、音圧はやや弱いでしょう。

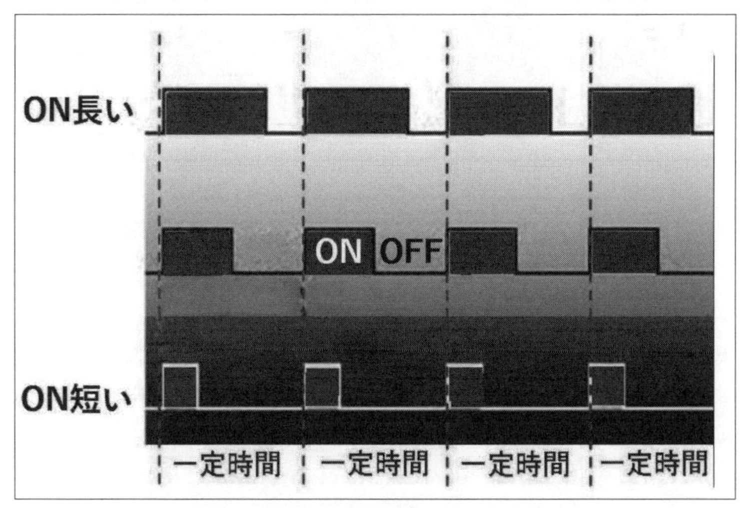

図8-5　PWMの波形変化

```
void setup() {
}
void loop() {
  analogWrite(10, 128);
}
```

8-2 tone()関数

「Arduino」では、音程を変えるために「tone()」という関数が用意されています。

■tone(pin, frequency)

この関数は、「pin」に指定された「周波数」(frequency)を出し続けます。
音を止めたければ、「noTone(pin)」という関数を使いましょう。

以下に例を示しますので、試してみてください。

```
void setup() {
}
void loop() {
  tone(10,440);         //10ピンに440Hzの音を出す
  delay(3000);          //これを3秒続けると
  noTone(10);           //10ピンの出力を止める
  while(1)              //音を止めて保持する
 ;
}
```

「tone(pin, frequency, duration)」という関数では、音を何ミリ秒出し続けるか設定できます。

「duration」という引数に時間を入れます。
たとえば、10ピンに「440Hz」(中央のラの音)を1秒出したければ、「tone(10,440,1000);」と書きます。

ただし、「Arduino」の機種によっては、「第3引数」が使えないこともあります。

＊

それでは、「ド、レ、ミ、ファ、ソ」と音階に沿って音を出してみましょう。

[演習2]

「ド、レ、ミ、ファ、ソ」と音階を出してみましょう。

```
int pin = 10;
void setup() {
}
void loop() {
  tone(pin,523);ドを0.8秒
  delay(800);
  tone(pin,587);レを0.8秒
  delay(800);
  tone(pin,659);
  delay(800);
tone(pin,698);
delay(800);
tone(pin,784);
delay(800);
while(1);
}
```

表8-1　数値と音程

523	ド
587	レ
659	ミ
698	ファ
784	ソ

8-3 音階について

「1オクターブ」(「ド」から一つ上の「ド」のような関係)には、**図8-6と8-7**のように「ド」と隣の**「ド#」**のような「ステップ」(段差)が12段あります。

つまり、「ド」から12段上がると一つ上の「ド」に到達します。

この間に「白い鍵盤」(**白鍵**)が7鍵と「黒い鍵盤」(**黒鍵**)が5鍵あります。

ただし、「ミ」と「ファ」の間と、「シ」と「ド」の間は「半音」と言い、「黒鍵」がありません。

また、隣同士の「白鍵」の間に黒鍵があれば、その白鍵と白鍵の間は「全音」と呼ばれます。

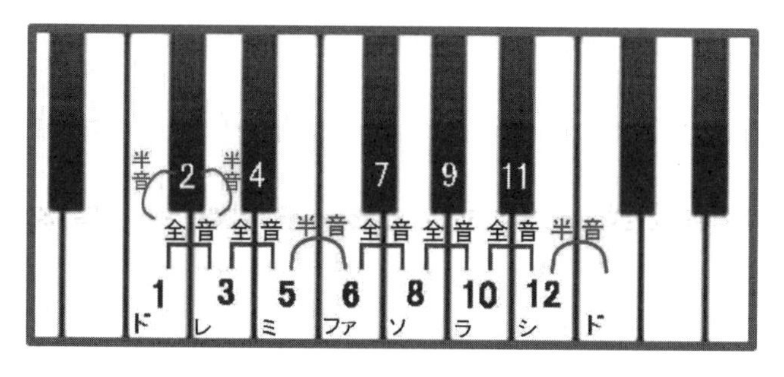

図8-6　全音と半音の関係

■純正律音階

「ド・ミ・ソ」の和音が、完全に調和するときの「周波数比」は「4：5：6」です。

長調の基本「3和音」である[ド・ミ・ソ][ファ・ラ・ド][ソ・シ・レ]の周波数比が、いずれも「4：5：6」になるように音階(長音階)を決めると、以下のようになります。

表8-2　長音階

音　階	ド	レ	ミ	ファ	ソ	ラ	シ	ド
基音(ド)に対する比	1 (1.000)	9/8 (1.125)	5/4 (1.250)	4/3 (1.333)	3/2 (1.500)	5/3 (1.667)	15/8 (1.875)	2 (2.000)

「ド：ミ：ソ」=「1:5/4:3/2」=「4：5：6」

基音からの「3度音程」(ド～ミ)の周波数比を、「4：5」よりも短い「5：6」にとるのが「短調」です。

基音を「ラ」とした短調の基本3和音である[ラ・ド・ミ][レ・ファ・ラ][ミ・ソ・シ]の周波数比が、いずれも「10：12：15」になるように決められた「短音階」は次のようになります。

表8-2　短音階

音　階	ラ	シ	ド	レ	ミ	ファ	ソ	ラ
基音(ド)に対する比	1 (1.000)	9/8 (1.125)	6/5 (1.200)	4/3 (1.333)	3/2 (1.500)	8/5 (1.600)	9/5 (1.800)	2 (2.000)

各「音の高さ」を、和音が調和する整数比で決めた音階を「純正律音階」と言います。

ところが、純正律音階にはやっかいな問題があります。

上の表を見ると、「ド～レ」の音程の周波数比が、長音階では「8：9」、短音階では「9：10」となります。

このため、「ハ長調」の曲の途中で「イ短調」の「レ・ファ・ラ」の和音が現われると、汚い響きになってしまうのです。

したがって、「ハ長調」と「イ短調」の両方の和音を弾くには、「2つのレ」が必要になります。

さらに、「ハ短調」や「変ロ長調」に自由に「転調」しようとした場合、1オクターブあたり何十個もの鍵が必要になります。

■平均律音階

そこで、「1オクターブ」の12の音程を、「均等な周波数比」で分割した音律にすれば、転調しても12個の鍵で演奏ができます。

しかし、便利さの代わりに、和音の響きの澄んだ音は若干失われることになります。

＊

図8-7は平均律ピアノの「88鍵のピッチ」と、「楽器の帯域」です。

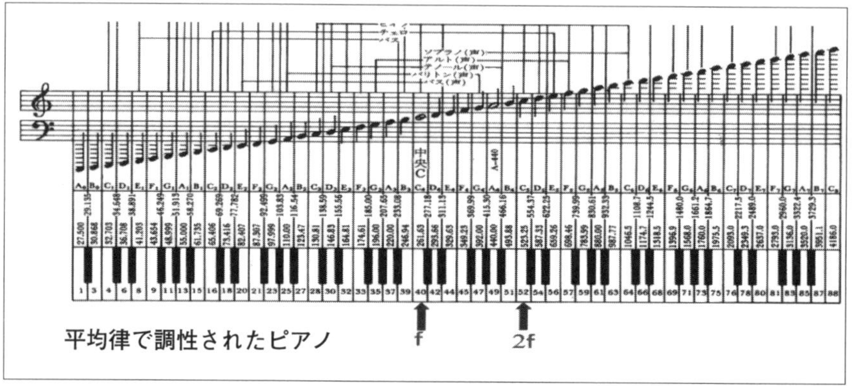

図8-7　平均律図解

図8-8は、中央の「ド」の付近を拡大したもので、これを見ながら「平均律」の音階の隣同士の倍率の出し方を説明します。

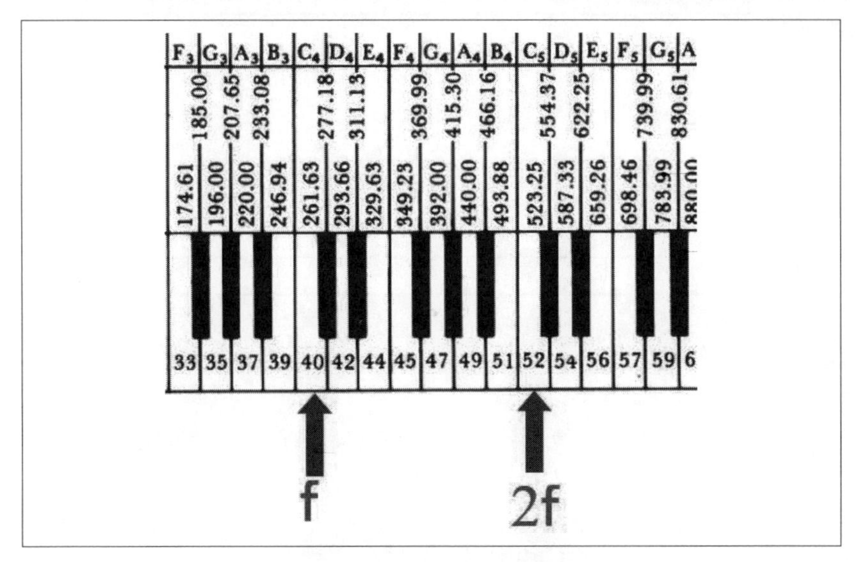

図8-8　1オクターブ間の詳細図

中央の「ド」(40番)の周波数を「f(Hz)」とします。

すると、半音上の「ド#」(41番)の周波数は「f×α」となります。

この「α」は一定値で変わりません。

中央の「ド」が「261.63」とすると、黒鍵の41番(ド#)は、「261.63×α」となりますね。

次に、「42番のレ」は、「41番のド#×α」となります。

これは、中央の「40番のド」から数えると、「42番のレ＝f×α×α」ですね。

すると、1オクターブ上にある「52番のド」の周波数は、「f×α×α……×α＝f×α^{12}」となります。

「1オクターブ」は、「周波数が2倍になる」ということから、「f×α^{12}＝2f」です。

このことから、「$\alpha^{12} = 2$」より、「$\alpha = 1.059463\cdots$」となります。

[演習2]

「37番のラ」(A3、220Hz)から、αを使って音階を作り、音を発しながら「37、38、39、40番、…」のように半音ずつ上昇します。

これを「900Hz」付近まで続けるプログラムを作りましょう。

[演習3]

「演習2」に連動して、1音上がればステッピング・モータが1ステップ動くプログラムを作ります。

「ステッピング・モータ」が回るプログラムは、第7章の「演習3」にあります。
それに、音程のプログラムが入れてあります。

```
int pin = 10;
float frq = 220;        //スタートを「ラ」で始めるため
void setup() {
}
void loop() {
  tone(pin,frq);                //10ピンに220Hzを出す
  delay(600);           //0.6秒鳴る
  frq *= 1.05946;       //frq＝frq×1.05946と同じ
  Serial.println(frq);          //画面に表示
  noTone(pin);          //これがないと,音が出たまま
if(frq > 900)           //もし,frqが900を超えると
    while(1);           //永久ループで音が鳴らない。
```

```
//モータが回転し,音も出る！
int k = 600;
int pn;
int no = 0;
int pin = 10;
float frq = 220;
void setup() {
  for(pn=6;pn<=9;pn++)
    pinMode(pn,OUTPUT);
}
void loop() {
  while(no < 6){
    for(pn=6; pn<=9; pn++){
      digitalWrite(pn,1);
```

```
       mytone();                        ①
       delay(k);                        ②
       digitalWrite(pn, 0);
     }
     no++;
   }
 }
  void mytone(){
   tone(pin,frq); 発音
   delay(100);
   frq *= 1.05946;                            ③
   Serial.println(frq);
   noTone(pin); 消音
 }
```

[プログラム解説]

①ここで、「mytone」を呼ぶ。

すると、③のモジュールにジャンプする。

③の「mytone()」が終わると、メインルーチンの「mytone」にある「delay」の②に処理が移る。

❸「mytone」は「モジュール」で、音階を作る関数。

変数「frg」は「浮動小数点型」だが、これを「tone()」関数の中に入れると小数点以下を切り捨てて、整数で入る。

図8-9 「frq ＝frq×1.05946」を行ない、音が少しずつ上がる

第9章 キーパッドを使う

スイッチをたくさん並べて、「ドレミファ」の音階が出るように工夫してみます。

「12〜16個」のキーを並べた「キーパッド」を使って、その仕組みを調べましょう。

9-1 「音階」を「スイッチ」で作る

「4×3マトリクス・キー」を使って、「ドレミファ」の音階が出るスイッチを作ります。

■音階の基礎知識

図9-1は、ハ長調の音階「ドレミファ」を五線譜に記述したものですが、これに習い、ヘ長調の音階を書いてみましょう。

図9-1　ハ調音階

[調について]

・平均律のピアノ上で「転調」(他の調に移る)するので、ピアノの「全音」と「半音」の位置は変わりません。

・ト長調は「ト」の位置から始まります。
ハ長調のドの位置が、和名では「ハ」に当たります。

・レは「ニ」、ミは「ホ」となり、続けて「へ」「ト」「イ」「ロ」…となります。

*

以上から「ト長調」はハ調の「ソ」の位置が基本となりますね。

ピアノの「白鍵」と「黒鍵」の位置は動かせませんから、そこが「半音」になるなら、「#」か、「♭」を付けて、「全、全、半、全、全、全、半」のルールを守りましょう。

*

「へ長調」は、「ファ」の位置からスタートします。

図9-2のように白鍵だけの音階を書いてみます。

すると、「3と4」の間は「全音」に、「4と5」の間は「半音」になります。

そこで、**「3と4」**の間を「半音」に、「4と5」の間を**「全音」**にすればよいのです。

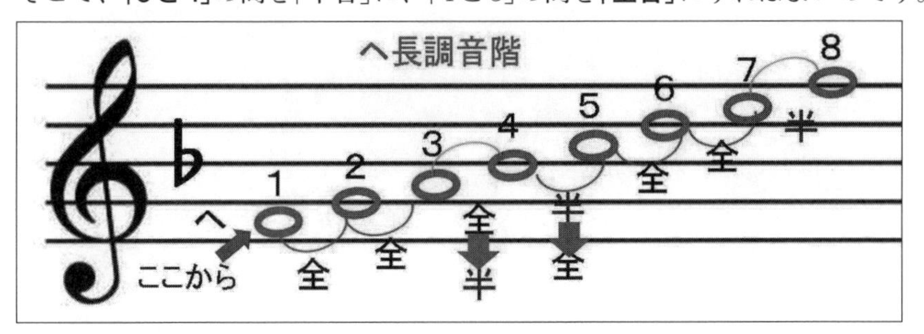

図9-2　へ長調音階

■「4×3マトリクス・キー」

「ドレミファ」の音階をスイッチで作ると「7個」必要になり、半音まで入れると「12個」のキーが必要になります。

そこで、キーを「マトリクス状」に配置して、「Arduino」への接続本数を減らす方式を実験します。

*

「4×3マトリクス・キー」の外観は**図9-3**にありますが、「4×3」の12個のキーから構成されたキーパッドです。

「Arduino」につながる線は「8本」です。

1つのキーにはスイッチとして「2端子」あるので、「2×12=24本」ぶんの処理が必要です。

これを「マトリクス構成」して「8本の出力」で「12個のキー」を判別しています。

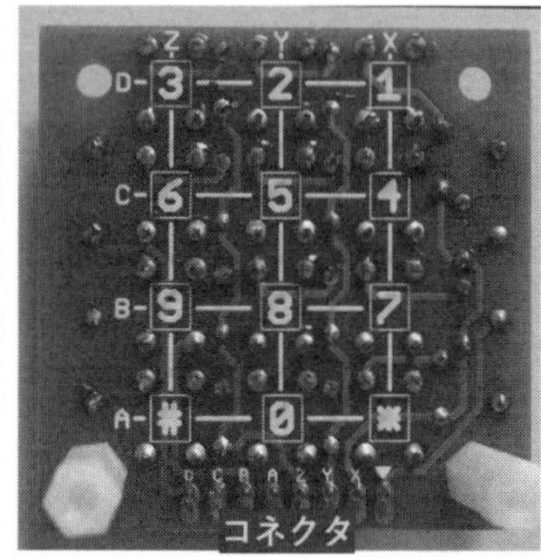

図9-3　4×3マトリクス・キー表裏面

＊

まず、**図9-4**の同じキーボードの「表」と「裏」を見てください。

「裏」にはすでに「キー番号」が印刷してあります。

以下では、この表記に従ってプログラムを組んでいきます。

「1、2、3、…＊、#」の12キーのうち、「縦」(列)に4個、「横」(行)に3個を配置しています。

各キーは、押すと図中の「a」と「b」が導通し、手を放すと元に戻り、電流は流れません。**図9-4**で内部配線を確認してみてください。

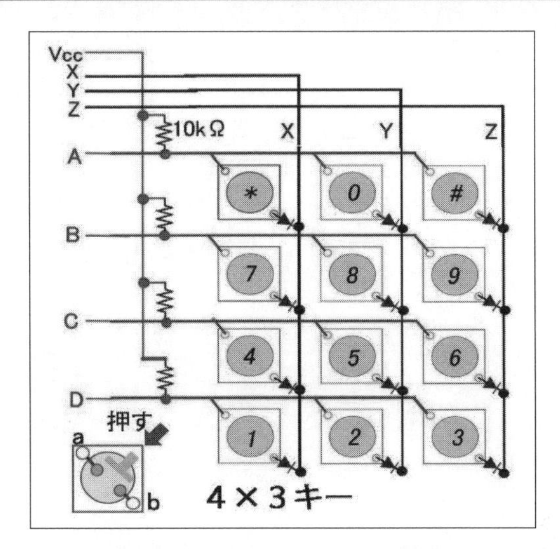

図9-4　「マトリクス・キー」の仕組み

まず、8個の入出力線がありますが、「V_{cc}」(図9-3のコネクタにVcc1と書いたところ)に、「+5V」を供給します。

「X,Y,Z」は、「0」または「1」を与える制御信号で、Arduinoの出力につながります。

「A～D」の線は、「キーが押されたか押されていないか」を調べるためのもので、Arduinoの入力につながっています。

*

「ダイオード」は複数のキーを押したときの「誤動作防止用」です。

たとえば「7」の「出力側端子b」は、他のキーの「b端子」から逆流できないようになっています。

この状態では、12個のキーには、各キーの左上の「a」点まで「+5V」が来ていますが、キーを押していないので、ここで電流は止まり、流れません。

また、「X,Y,Z」の「制御線」には、すべて「1」を書き込んでおきます(「digitalWrite(X,1)」のように、YもZも同様に記述する)。

すると、「X～Z」はすべて「5V」になります。

どのキーも押してない状態で、(「digitalRead(A)」などと書いて)「Arduino」が「A～D」の信号を読んだとすると、「A～D」はどれも「1」(5V)になります。

ここで、Xの「制御線」だけを「0」に落とし、「7」のキーを押します。
すると、「7」のキーのb側出口から黒い線に電流が流れ、GNDに落ちます。
よって、「入力線B」は「0V」になります。

＊

ここで注意が必要です。
この状態で、もし「7」のキーを押さないで、「8のキーや「9」のキーを押すとどうなるでしょうか。

「8」キーにつながった「Y線」も、「9」キーの「Z線」も、「1」に上がったままなので、電流は流れません。
したがって「B線」は「0」にならず、検知されません。

このことから、「X～Z」の「制御線」を「011→101→110→」と速いスピードで巡回させ、「A～D」の信号で「0」になっている箇所を調べれば、12個のどのキーを押したか分かります。

たとえば、7のキーを押したときは、下記のようになります。

表9-1　7を検知したとき

	X＝0		Y＝1		Z＝1	
A	1	＊	1	0	1	#
B	0	7	1	8	1	9
C	1	4	1	5	1	6
D	1	1	1	2	1	3

「X,Y,Z」の制御線を順番に「0」に切り替え、同時に、「A～D」の信号線のどれが「0」になっているかを見ます。

表9-1では「X=0」のとき、「B=0」を認知しました。
よって、キー「7」が押されたことが分かります。

[演習1]

実際にArduinoに4×3のキーパッドをつなぎ実験してみましょう。

＊

「X=1」「Z=1」と書き込みます。

「Y」の「制御線」の支配下にある「2、5、8、0」のキーを押すと、「Y=0」にその数値が表示できるようにしましょう。

「X」や「Z」は考えません。

(準備)

まずキーパッドの「1～8」ピン(ピン番号は、最初の写真を見れば分かります)のコネクタをArduinoにつなぎましょう。

・▼マーク(1ピン)は+5Vにつなぐ	・X(2ピン)はArduino8ピンに
・Y(3ピン)は7ピンに	・Z(4ピン)は6ピンに
・A(5ピン)は5ピンに	・B(6ピン)は4ピンに
・C(7ピン)は3ピンに	・D(8ピン)は2ピンに

プログラム冒頭で、「X,Y,Z,A,B,C,D」を定義しておきます。

(例)「#define X 8 」は、“「X」を「数字(整数)8」に置き換えて(定義して)使える”という意味です。

以下では、「8」と書く代わりに「X」と書いてもよいのです。

```
#define  X  8          //const int X=8; は8を固定で動かせない
#define  Y 7
・・・・
#define  B 4
```

のように書きます。

以下、同様です。

＊

次に"「void setup() {…}」では、「X,Y,Z」は出力として使うよ！"という宣言が必要です。

また、"「A～D」も入力として使うよ！"という宣言も必要です。

これは、たとえば「pinMode(C,*****);」などです。

「X～Z」「A～D」まで、全部で7つの宣言が必要です。

```
pinMode(Z,OUTPUT);  //制御線Zは出力(つまり+5Vとか0Vにするか)
pinMode(A,INPUT);    //信号線Aは入力(つまりHIGHかLOWか)
・・・・
```

＊

次に「loop() {…}」内では、まず制御線「X=1」に「1」(+5V)を、「Y=0」「Z=1」にします。

```
    digitalWrite(X,1);
    digitalWrite(Y,0);
    digitalWrite(Z,1);
```

と書く必要があります。

演習の問では「Y=0」としたので、入力線「A～D」までの、「0」に落ちたところを調べます。

＊

そこで、「if(digitalRead(A)==0)」として、A線が「0V」なら、「Y」と「A」の交点は「0」なので「Serial.print('0');」と「0」を表示するようにします。

もし、A線ではなく、B線が「0」ならば、「else if(digitalRead(B)==0)」とします。

Bが「0」なら「8」なので、「Serial.print('8');」と書きます。

以下、同様に書いていき、最後にそれらが合致しなければ、「else」とだけ書き、「Serial.print('¥0');」として、何も表示しないようにします。

演習1のプログラム例

```
#define X  8
#define Y  7
#define Z  6
#define A  5        ①
#define B  4
#define C  3
#define D  2
void setup() {
  pinMode(X,OUTPUT);
  pinMode(Y,OUTPUT);      ②
  pinMode(Z,OUTPUT);
  pinMode(A,INPUT);
  pinMode(B,INPUT);
  pinMode(C,INPUT);       ③
  pinMode(D,INPUT);
}
void loop() {
  digitalWrite(X,1);
  digitalWrite(Y,0);
 digitalWrite(Z,1);
if(digitalRead(A)==0)       ④
    Serial.print('0');
  else if(digitalRead(B)==0) ⑤
    Serial.print('8');
  else if(digitalRead(C)==0) ⑥
    Serial.print('5');
  else if(digitalRead(D)==0) ⑦
    Serial.print('2');
  else                       ⑧
   Serial.print('¥0');

 delay(200);
}
```

[プログラム解説]

①たとえばXは8ピンに置き換える(「#define」は、Xを8に定義にするという意味)。
②「X,Y,Z」は出力に設定。
③「A～D」は入力に設定。
④Aが0なら0と表示。
⑤もし、Bが0なら8と表示。
⑥Cが0なら5と表示。
⑦Dが0なら2と表示。
⑧どれにも該当しないなら、「¥0」ヌル文字を表示。

[演習2]

キーパッドの使い方が、だいたい分かったと思います。
それでは、12のキーのすべてを表示できるようにしましょう。

「演習1」のプログラムを「X～Z」まで順番に回せばいいのです。

[演習3]

キーの番号を表示する部分を「音階」に変えると「鍵盤」になるはずです。
これを試してください。

(参考)

ド=262	レ#=311	ファ#=370	ラ=440
ド#=277	ミ=330	ソ=392	ラ#=466
レ=294	ファ=349	ソ#=415	シ=494

(準備)

「圧電スピーカー」はArduinoの10ピンとGndに接続。

冒頭に「int pin=10；」。
「Tone(pin,262);」で「ド音」が鳴る。
「noTone(pin);」で鳴りやむ。

演習3のプログラム例

```
//ド=262ド#=277レ=294レ#=311ミ=330ファ=349
//ファ#=370ソ=392ソ#=415ラ=440ラ#=466シ=494
#define X  8
#define Y  7
#define Z  6
#define A  5
#define B  4
#define C  3
#define D  2
int pin =10;
void setup() {
  pinMode(X,OUTPUT);
  pinMode(Y,OUTPUT);
  pinMode(Z,OUTPUT);
  pinMode(A,INPUT);
  pinMode(B,INPUT);
  pinMode(C,INPUT);
  pinMode(D,INPUT);
}
void loop() {
  digitalWrite(X,0);
  digitalWrite(Y,1);
  digitalWrite(Z,1);
  if(digitalRead(A)==0)
   {Serial.print("So#");
   tone(pin,415);}
  else if(digitalRead(B)==0)
   {Serial.println("Ra");
   tone(pin,440);}
  else if(digitalRead(C)==0)
   {Serial.println("Ra#");
   tone(pin,466);}
  else if(digitalRead(D)==0)
   {Serial.println("Si");
   tone(pin,494);
   delay(1000);
   noTone(pin);}
  else
    Serial.print('¥0')
  digitalWrite(X,1);
  digitalWrite(Y,0);
  digitalWrite(Z,1);
```

```
  if(digitalRead(A)==0)
    {Serial.println("Mi");
    tone(pin,330);}
  else if(digitalRead(B)==0)
    {Serial.println("Fa");
    tone(pin,349);}
 else if(digitalRead(C)==0)
   {Serial.println("Fa#");
   tone(pin,370);}
  else if(digitalRead(D)==0)
   {Serial.println("So");
   tone(pin,392);}
  else
    Serial.print('¥0');

  digitalWrite(X,1);
  digitalWrite(Y,1);
  digitalWrite(Z,0);
  if(digitalRead(A)==0)
   {Serial.print("Do");
   tone(pin,262);}
  else if(digitalRead(B)==0)
   {Serial.println("Do#");
   tone(pin,277);}
  else if(digitalRead(C)==0)
   {Serial.println("Re");
   tone(pin,294);}
  else if(digitalRead(D)==0)
   {Serial.println("R#");
    tone(pin,311);}
  else
  Serial.print('¥0');
//  noTone(pin);

  delay(100);
}
```

9-2　シール状の「キーパッド」を使ってみよう！

前半は、多くのスイッチを「マトリクス状」に並べて、音階を奏でるプログラムまで説明しました。

そのために、「4×3」のキーパッドを使いましたが、12個のスイッチはメカ式なので、薄くできません。

今回は、シート状の「4×4」の「マトリクス・キーパッド」を使ってみましょう。

厚さは2mm程度です。

■シート状キーパッド

図9-5は「4×4」と「4×3」のキーパッドの写真です。

左の薄型キーパッドは、別名「メンブレン・スイッチ」とか「シート・スイッチ」とも呼ばれます。

これは「薄いシート状のスイッチ」を意味します。

「メンブレン」(membrane)とは、「膜」という意味です。

「PETフィルム」に「接点・回路パターン」を印刷し、スペーサ材などを貼り合わせてスイッチ機能をもたせています。

「PET」とは、「ポリエチレン・テレフタレート樹脂」のことで、日常よく使われている飲料用のペットボトルと同じ材料です。

このキーパッドは薄くてコストが安く、寿命も長いので小型電子機器には非常によく使われています。

図9-5　4×4シート状キーパッド、4×3メカ式キーパッド

それでは、この4×4のキーパッドを調べてみましょう。

＊

裏面のシールを剥がすとパターンが見えます。
見ると内部構造を類推しやすいと思います。

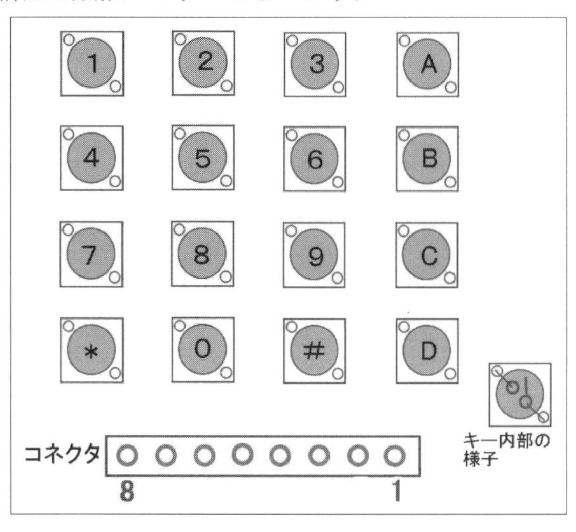

図9-6 「マトリクス・キー」の仕組み

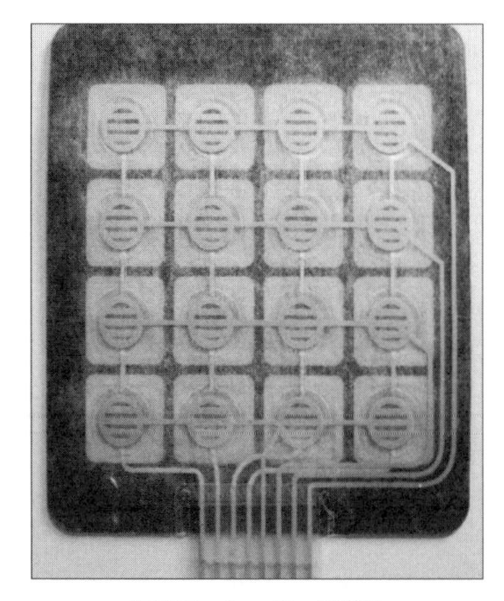

図9-7 キーパッド裏面

[演習4]

Arduinoには、**図9-10**のように、たとえばArduino「2」ピンはパッドの「1」ピンに、というように順番につなぎます。

パッドとArduinoの８本の線がつながったら、キーを押した場合にどのようにすればよいか考えてみましょう。

避けなければいけないのは、キーを押したときときに、「+5V」と「Gnd」がショートすることですね！

ショートすると、大電流が流れるので、電源やArduino本体が破損する可能性があります。

図9-8は、Arduinoと「キーパッド」を接続した場合の回路を示しています。

左の色の着いた部分がArduino内部で、右の○が並んでいるのが「キーパッド」です。

キーパッドからArduinoに入る「線」（番号１、２）は、キーの「ON」と「OFF」をチェックするための入力用の線です。

また、「１列目」「２列目」と書いてある「線」は、「出力制御用」の線です。

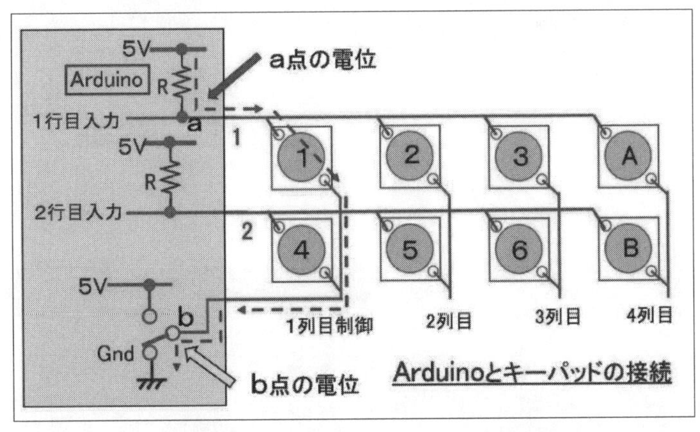

図9-8　Arduinoとキーパッドの信号経路

「入力線」は、プログラムでは「pinMode (ピン番号,INPUT_PULLUP) ;」と書く必要があります。

これが4列あるので、宣言が4つ要ります。

Arduinoの内部では、**図9-8**のように「**抵抗R**」で「pull up」(プルアップ)されます。

したがって、1列〜4列まで横に伸びる「線」は、「+5V」(高い電圧)で吊られたことになります。

＊

「1列目」の「線」を「LOW」に下げるには、「digitalWrite(1ピン,LOW)；」と書きます。

すると、Arduino内部のスイッチの「b点」が「0V」に切り替わります。

キーの「1」を押すと「点線」で「5V➡抵抗R➡キー➡ArduinoのB➡Gnd」と電流が流れ、「5V」(高い電圧)だった「a点」は「0V」に下がり、検知できます。

つまり、「1列目」が「LOW」のとき、「1行目」が「0V」になるのは、キー「1」だと分かるわけです。

このように考えると、この方式は、前節の4×3の回路と同じ方式だと分かります。

＊

図9-9の写真は、キーパッドとArduinoをつないだ様子です。

パッドからのコネクタには、図のような両方「オス」のワイヤを利用すると便利です。

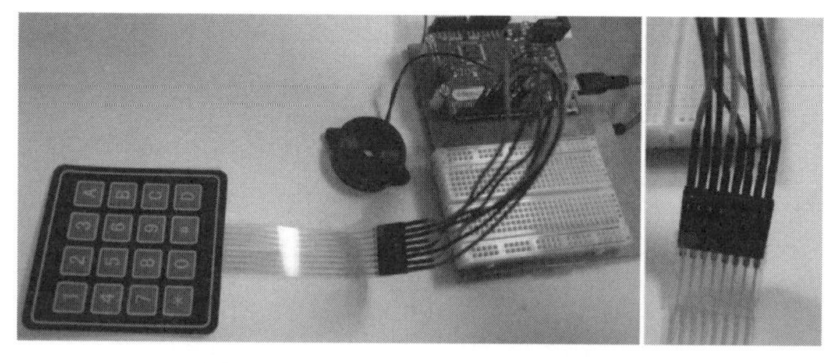

図9-9 キーパッドとArduino接続写真

図9-10のキーパッドの信号名は、Arduinoのプログラムで使う「4×4キーパッド」の変数名です。

入力は「pin」とし、出力は「pout」としました。

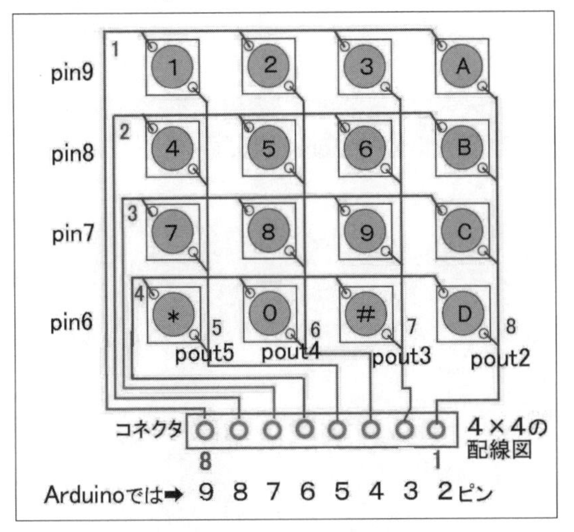

図9-10　キーパッド信号名

たとえば、pin6はArduinoのデジタル端子の「6」ピンにつながり、「*、0、#、D」のキー入力が「L」になるかどうかをチェックします。

「pout3」はArduinoの「3」ピンにつながり、縦の「3、6、9、#」の制御に関係しています。

*

このように書きます。

```
digitalWrite(pout2,0);
digitalWrite(pout3,1);
digitalWrite(pout4,1);
digitalWrite(pout5,1);
```

「pout2」だけを「0V」にし、後の「pout3～5」は「5V」に設定します。

つまり「A、B、C、D」のキーだけを見ようとします。

この後に、

```
if(digitalRead(pin9)==0)
    Serial.print('A');
```

と書くと、“もし、pin9が「0V」になっていれば、「A」のキーを押しているので「A」と表示しなさい”になります。

9-3 「4×4マトリクス・キーパッド」のプログラム

演習4のプログラム例

```
//4×4キーパッドのテスト
#define pout2  2                      ┐
#define pout3  3                      │
#define pout4  4                      │
#define pout5  5                      │ ①
#define pin6   6                      │
#define pin7   7                      │
#define pin8   8                      │
#define pin9   9                      ┘

void setup() {
  pinMode(pout2,OUTPUT);
  pinMode(pout3,OUTPUT);                   ②
  pinMode(pout4,OUTPUT);
  pinMode(pout5,OUTPUT);
  pinMode(pin6,INPUT_PULLUP);          ┐
  pinMode(pin7,INPUT_PULLUP);          │ ③
  pinMode(pin8,INPUT_PULLUP);          │
  pinMode(pin9,INPUT_PULLUP);          ┘
  digitalWrite(pout2,1);               ┐
  digitalWrite(pout3,1);               │ ④
  digitalWrite(pout4,1);               │
  digitalWrite(pout5,1);               ┘
}

void loop() {               //ここからメインの作業(ルーチン)をする部分！
  digitalWrite(pout2,0);               ┐
  digitalWrite(pout3,1);               │ ⑤
  digitalWrite(pout4,1);               │
  digitalWrite(pout5,1);               ┘
```

```
  if(digitalRead(pin9)==0)
   Serial.print('A');
  else if(digitalRead(pin8)==0)
   Serial.print('B');
  else if(digitalRead(pin7)==0)                ⑥
   Serial.print('C');
  else if(digitalRead(pin6)==0)
   Serial.print('D');
  else
    Serial.print('¥0');


  digitalWrite(pout2,1);
  digitalWrite(pout3,0);                        ⑦
  digitalWrite(pout4,1);
  digitalWrite(pout5,1);

  if(digitalRead(pin9)==0)
   Serial.print('3');
  else if(digitalRead(pin8)==0)
   Serial.print('6');
  else if(digitalRead(pin7)==0)                 ⑧
   Serial.print('9');
  else if(digitalRead(pin6)==0)
   Serial.print('#');
  else
    Serial.print('¥0');

以下,省略
```

[プログラム解説]

①「pout2」〜「pin9」は、コンパイルする前に数値2や9に置き換える。
見たときに分かりやすいような名前にしている。
「pout2」は、2ピンを「out」(出力)として使いたいから命名。
「pin9」は、9ピンを「入力」(in)として使いたいから命名。

②「Arduinoのピン2〜5は、出力モードに設定するよ」という宣言。
この命令を書かないとピン2〜5は「出力」になってくれない。

③「Arduinoピン6〜9は入力として使う」という宣言。
　ただし、この内部では、スイッチの状態（LOWかHIGH）を調べるため、「抵抗」でプルアップしている

④出力に設定したピン2〜5は、すべて「1」すなわち「＋5V」を出力する。
　あとで、この中の1つを「0V」に落とし、キーの検出を行なう。

⑤「2ピン」のみ「0V」に落とし、あとの「3〜5ピン」は「＋5V」にしておく。
　つまり、縦の列2ピンに関係する「A」、「B」、「C」「D」のどのキーが押されたか調べる。

⑥もし（if）、入力する関数「digitalWrite()」で、「ピン9」を読み込んで、それが0に等しい（==）なら、「A」を表示して、ここを抜ける。
　そうでなく、もし（else if）、「digitalWrite()」で、「ピン8」を読み込んで、それが「0」に等しいなら、「B」を表示。

　どれとも異なるなら（else）、「¥0」（何も表示せず）このピン2の系列を抜ける（そして、ピン3系列に移る）。

⑦「ピン3」（出力）が「0V」になった。
　「3」「6」「9」「＃」を検知できる。
　他の系列は「5V」で検知できない。

⑧ピン3を「0V」にしたので、この系列「3」「6」「9」「＃」のどのキーを押したか調べるように「if文」の内容を少し変える。

　もし、「pin9」が0なら「3」を表示するように、

```
if(digitalRead(pin9)==0)
  Serial.print('3');
```

と書き直す。
　以下同様に修正する。

[演習5]

「キー8」を押すと、通信画面に「8」と表示されるようにします。

「キーパッド」とArduinoの接続には、8本の線がつながっていますが、余分な6本は外しておきましょう。

[手順]

[1]「8」のキーは、**図9-11**より「pin7」と「pout4」に関係しています。

「pin7」はArduinoの「7ピン」につながり、「8キー」を押したかどうかをチェックします。

「pout4」はArduinoの「4ピン」につながり、キーを押すと電流が「Gnd」に流れるように設定します。

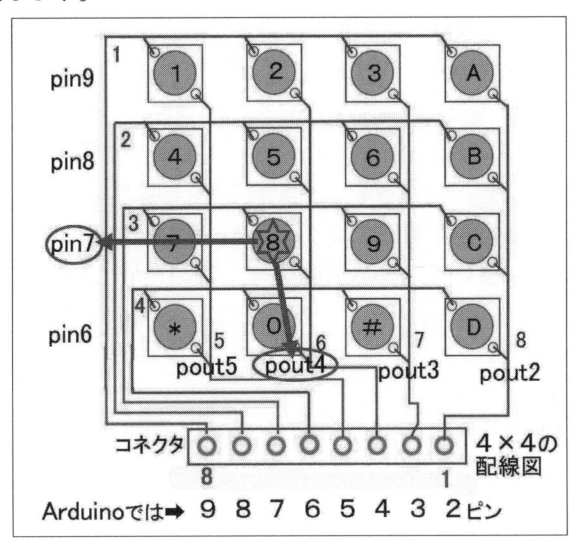

図9-11 「8」キーは「pin7」と「pout4」に関係している

「pin7」は入力なので、モードの設定は「,pinMode(pin7,INPUT_PULLUP);」でしたね。

また、「pout4」は、「出力モード」で、「pinMode(pout4,OUTPUT);」となります。

[2]「pout4」を「LOW」に設定します。

これには、「dgitalWrite(pout4,0);」とします。

「0」の代わりに「LOW」と書いてもいいです。

これで、準備はできました。

[3]次に、「8」キーを押したかどうか見る必要があります。

これには、「digitalRead(pin7);」とします。

もし、このとき「キー」を押していれば、「LOW」（値0）が返ってきます。

また、キーを押してなかったら、「HIGH」（値1）が返ります。

したがって、「if(digitalRead(pin7)==0)」とif文にこの関数「digitalRead()」を入れ込めば、この「if」のすぐ下の1文を実行します。

つまり、ここでは、文字「8」を表示します。

そうでなければ、「else」のほうへ行きます。

[4]「else」のほうへ行くと「Serial.print('¥0')；」とあるので、「何もしない文」を実行します。

よって画面は何も出ず、前のところに止まっています。

そして、この文を抜けて、冒頭に戻り、また、「pin7」を見にいきます。

以下、上記繰り返しとなるので[3]をみてください。

なお、「Serial.print('¥0');」の「¥0」について、Arduinoによっては「¥」マークはエラーになる場合があります。

そのときは「半角モード」にして「¥」を打つと「バックスラッシュ」が表示されます（このとき、色が青に変わります）。

演習5のプログラム例

```
//「8」キー検出プログラム
#define pout4   4
#define pin7    7
void setup() {
  pinMode(pout4,OUTPUT);          <ーピン4は出力に
  pinMode(pin7,INPUT_PULLUP);   <ーピン7は入力にPULL_UPが付くことに
                                  注意！
  digitalWrite(pout4,0);                <ー出力ピン4を0Vにする
}
void loop() {
  if(digitalRead(pin7)==0)              <ーピン7がもし0Vなら
     Serial.print('8');                  <ー文字8を表示抜ける
  else                              <ーそうではないなら、
    Serial.print('¥0');                  <ー何もしないで抜ける
  delay(150);             <ー150ms(ミリ秒)時間稼ぎする。これがないと、
}                           1回のキー押しで8が数えられないくらい表示される
```

[演習6]

Arduinoのデジタル出力端子にLEDを1つつないで、キー「A」を押すとLEDが点灯するようにしましょう。

演習6のプログラム例

```
//演習6：AキーLEDonプログラム
#define pout2   2
#define pin9    9
#define pin12   12
void setup() {
  pinMode(pout2,OUTPUT);
  pinMode(pin9,INPUT_PULLUP);
  pinMode(pin12,OUTPUT);
  digitalWrite(pout2,0);
}
void loop() {
  if(digitalRead(pin9)==0){
   Serial.print('A');
   digitalWrite(pin12,1);
  }
  else
    Serial.print('¥0');
  delay(150);
}
```

[演習7]

キー「A」を押すとLEDが点灯し、キー「B」を押すと消灯するようにしましょう。

(注意)
キー「B」を検出するために、キーパッドとArduinoに信号線が増えます。

演習7のプログラム例

```
//演習7:
//Aキー LEDon  /Bキー LEDoff
#define pout2  2
#define pin9   9
#define pin8   8
#define pin12  12
void setup() {
  pinMode(pout2,OUTPUT);
pinMode(pin12,OUTPUT);
  pinMode(pin8,INPUT_PULLUP);
  pinMode(pin9,INPUT_PULLUP);
  digitalWrite(pout2,0);
}
void loop() {
  if(digitalRead(pin9)==0){
   Serial.print('A');
   digitalWrite(pin12,1);
  }
  else if(digitalRead(pin8)==0){
   Serial.print('B');
   digitalWrite(pin12,0);}
  else
    Serial.print('¥0');
  delay(150);
}
```

[演習8]

キー「A」を1回押したら、「A」の1文字で留まる「チャタリング防止プログラム」を作り、キー「A」を押すたびにその数をカウントするように改良しましょう。

ここまでの演習では、キーをちょっと長く押すと、同じ文字が次々と表示されます。

そこで、これを防止するため、「チャタリング対策」をしておきましょう。

＊

「チャタリング防止」をするには、下記のように考えます。

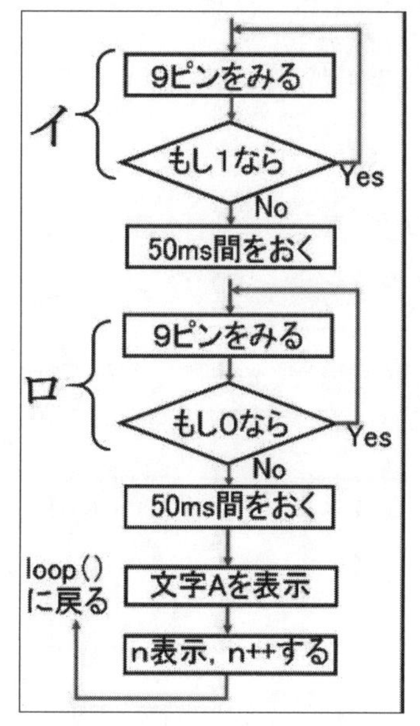

図9-12 「チャタリング防止」のフローチャート

---

[1] まず、9ピンを見にいく(図9-13)と、電圧が「HIGH」であったとします。
これは、「キーを押していない」ことを意味します。

[2] 図9-13のフローチャートに従うと、「HIGH(つまり「1」)」なので、再び「9ピンを見る」(図9-13の「2」)に戻ることになります。

電圧が「LOW」に変わるまで、これを繰り返します。

[3] そのうちキーを押すので、電圧が「LOW」に変わります。

[4] 「LOW」なので「No」のほうに行きます。
そして「50ms間をおく」を実行したあと、その下の「9ピンを見る」に行きます。

[5] もし、9ピンが「LOW」(0V)ならば、9ピンを再び見にいくことになります(図9-13の「3」)。

[6] キーから手を放してから9ピンを見にいくと(図9-13の「4」)、電圧が「HIGH」(1)になります。
もし電圧が「0」なら戻りますが、「0」ではないのでフローチャートを下に降ります。

[7] 約50msおいて文字「A」を表示し、「n」を表示して、直ぐに「n＝n+1」をします(nでキーを押した数をカウントしている)。

[8] そして、「loop」の最初に戻り、また同じことを繰り返します。

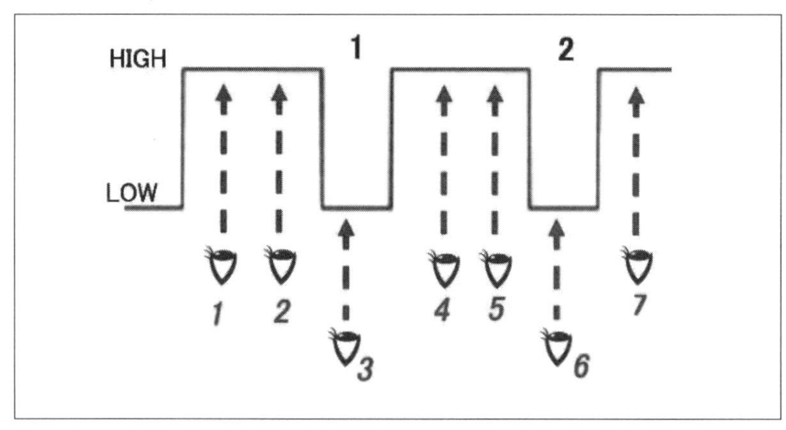

図9-13　9ピンを見にいく

50ms間をおくのは、機械接点なので「チャタ」が起こりやすいためです。

フローチャートの中の「イ」と「ロ」は、プログラムでは、次のように書きます。

イ：	ロ：
`while((digitalRead(pin9)!=0)` `;`	`while((digitalRead(pin9)==0)` `;`

演習8のプログラム例

```
//演習8：「A」キーチャタ防止プログラム
#define pout2  2
#define pin9   9
int n = 1;
void setup() {
  pinMode(pout2,OUTPUT);
  pinMode(pin9,INPUT_PULLUP);
  digitalWrite(pout2,0);
}
void loop() {
  while((digitalRead(pin9)!=0))
           ;
  delay(50);
  while(digitalRead(pin9)==0)
           ;
  delay(50);
  Serial.println('A');
  Serial.println(n++);
}
```

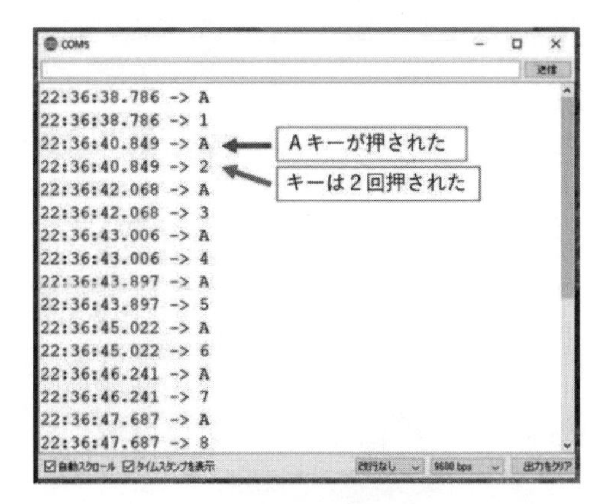

図9-14　「チャタリング防止プログラム」の実行結果

第10章

「赤外線近接センサ」を使って「距離」を測る

「SHARP」の「赤外線近接センサ」を使って、実際に距離を測ってみましょう。

また、このセンサの応用を考えてみましょう。

「赤外線近接センサ」については、第6章「Arduinoでモータの回転数をカウントする」にも解説を書いているので、見てください。

10-1 「赤外線近接センサ」の仕組み

図10-1はこのセンサの外観です。

説明の英文には、

・距離を測るセンサユニット

・計測距離は10～80cm

・出力はアナログタイプ

とあります。

GP2Y0A21YK0F

● Distance Measuring Sensor Unit
● Measuring distance: 10 to 80 cm
● Analog output type

SHARP

図10-1　赤外線近接センサ外観

図10-2を見てください。

3本の「接続ケーブル」も付いていて便利です。

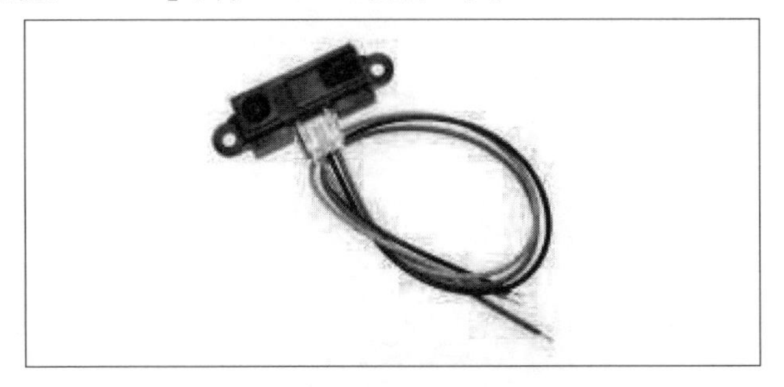

図10-2　近接センサケーブル付き

図10-3に、接続のための端子①～③の名称を記しています。

端子①の「Vo」は「出力電圧」で、反射して返ってきた光量を「電圧」で出力しています。

②は「GND」に接続します。

③は「Vcc」で、「5V」につないでください。

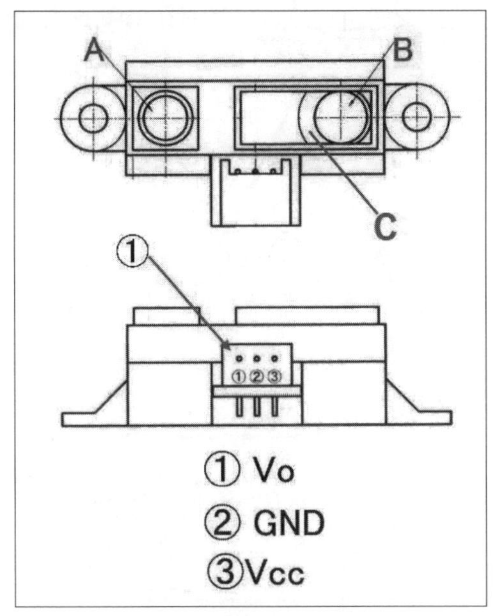

図10-3　近接センサ端子図

図10-3の上面図に「A」と「B」の表示があります。

これは、片方が「赤外線」を発光する「LED」で、もう一方がその「赤外線」を受け取る「受光素子」です。

このままで「赤外線発光」の「LED」から光を出しても、「光」が「受光素子」に返ってきません。

そこで、「反射板」が必要になります。

「B」は受光素子です。

＊

図10-4を見てください。

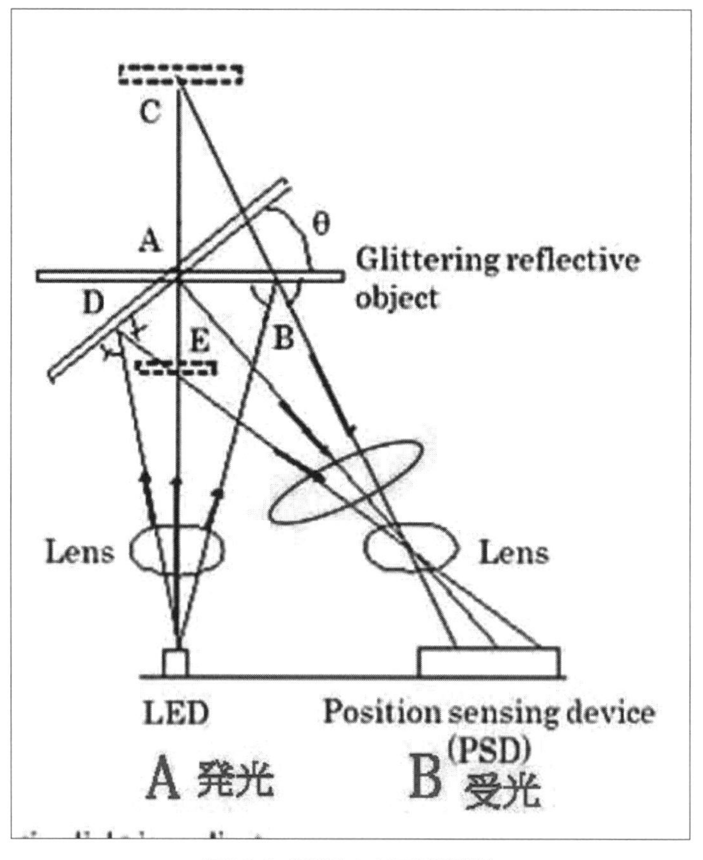

図10-4　近接センサ反射光処理

「A側」は、ある範囲の中で光がムラなく照射されます。

「B側」では、不要な別の光線はほしくありません。
しかし、「A」から出て反射板の傾きや前後方向への移動により反射角が変わった光線は、ほしいわけです。

そこで「B側」は、「A側」からの反射光を上手く取り込むために、Bの「受光素子」の内側を、漏斗のようにテーパを付けて、くり抜いています。

図10-3のCで示したところです。

図10-5は、このセンサを使って反射板までの距離を測っているところです。

端子3ピンの「Voの電圧」と「距離ℓ」(センサから反射板までの距離)を測ります。

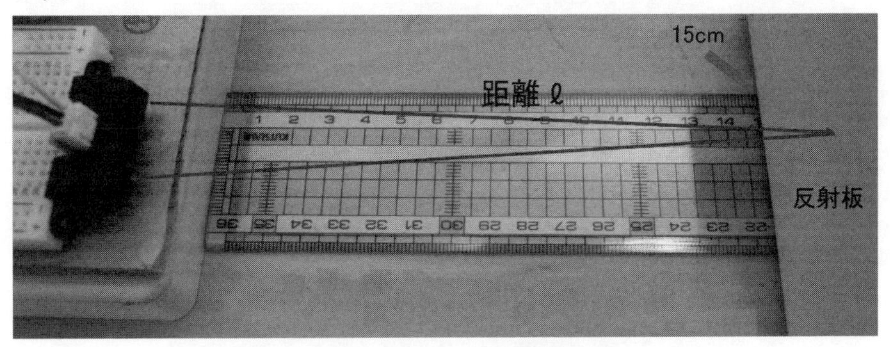

図10-5　近接センサで距離の測定

「赤外線近接センサ」からの距離の測定結果は、**図10-6**に示されるように、3つの端子の「①」に、距離の長さに相当する電圧値「Vo」が発生し、「Vo」の値が小さくなるほど距離が長くなります。
「端子②」は「GND」に接続し、「端子①」は「+5V電源」につなぎます。

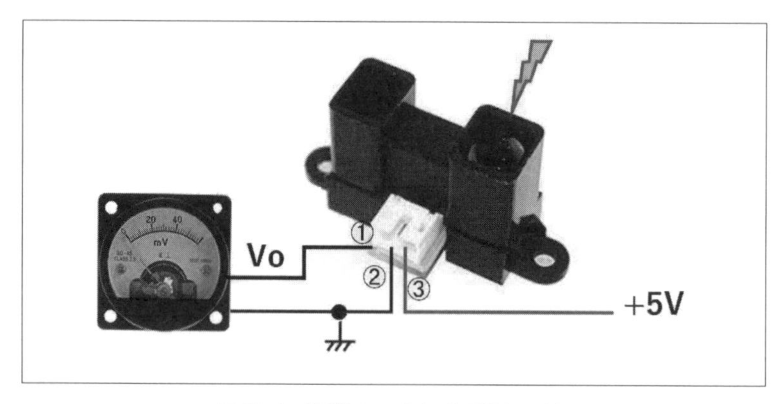

図10-6 「近接センサ」で「距離」の測定

この測定方法に基づいて測ると、図10-7のようなメーカー資料に沿ったグラフが得られます。

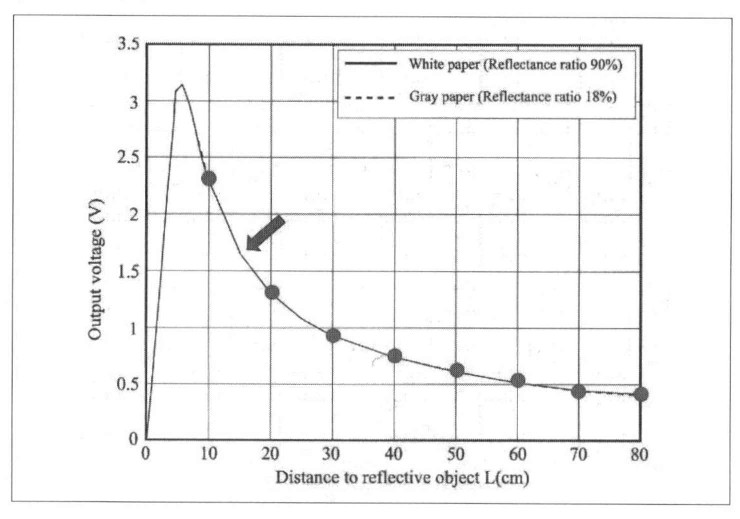

図10-7 「反射板の距離」と「出力電圧」グラフ

横軸が「反射板までの距離」で、縦軸が「電圧」です。

「反射板」が「センサ」にピッタリ引っ付いているときは、光線が受光素子に入らないので、「0V」です。

そこから反射板を離していくと、「5cm」くらいでピーク値を迎え、それを過ぎると徐々に減衰していきます。

「矢印」の辺りで、グラフに少し屈折が見られます。
ここ(15cmくらい)を過ぎた付近から、グラフは滑らかになるので正確な推測式が作れます。

グラフから「10cm」ごとの電圧値は、下記のとおりになります。

ℓ [cm]	V [V]
10	2.28
20	1.30
30	0.92
40	0.74
50	0.62
60	0.53
70	0.44
80	0.40

10-2 「電圧」から「距離」を計算する方法

たとえば、さきほどの図10-6のように、反射距離が電圧で分かる場合、「1mV」なら「1m」で、「3mV」なら「3m」のような関係であれば、距離ℓは、

ℓ [m] = 1000 × V [mV]

と表わすことができ、簡単です。

この場合、メータの表示の電圧を「メートル[m]」に変えれば、メータの読みが即実測の距離になります。

ところが、今回の「電圧と距離の関係」は、**図10-7**を見て分かるように、グラフがカーブしているので、ある電圧が表示されても距離に換算することが難しいですね。

*

図10-7は「正方眼紙*」ですが、図10-8のように、「両対数グラフ」にデータを移してプロットすると、「直線上」に観測点が並びました。

*縦と横の目盛りの間隔が、通常の物差しと同じく等間隔に升目が配置されている

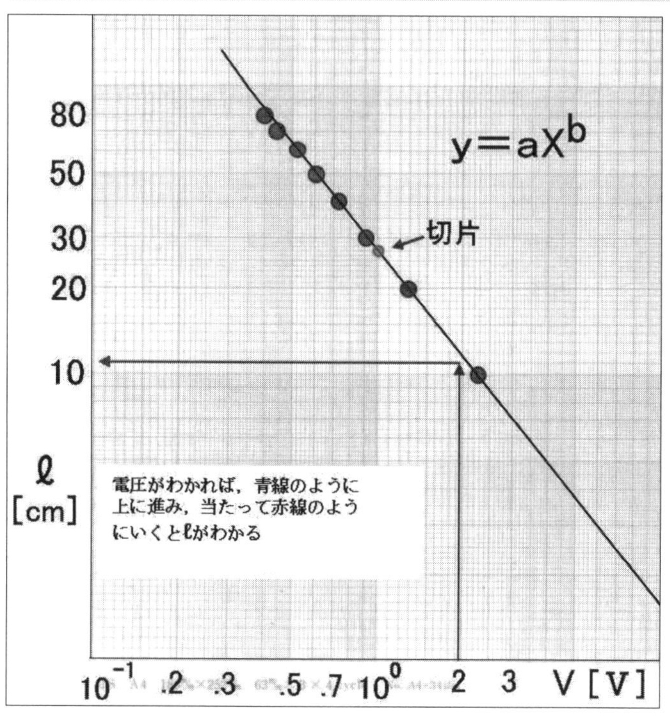

図10-8　電圧と距離のグラフ

これは、縦も横も目盛りが「対数」になっているからです。

同図のグラフから、電圧「V」が分かれば、その「電圧値」をグラフ上で辿って、「距離」が分かります。

よって、同図から得られた直線を数式に表わせばいいわけです。

両対数上の直線は一般的に、

$y = aX^b$ ……(式1)

の形をしています。

つまり、Xのべき乗になるような関数です。

*

まず、電圧が1Vの位置の直線の切片を求めます。

これは26.5[cm]となります。

これで「a」が「26.5」と求まりました。

(式1)の「x」に「1」を入れれば、「y＝a」となりますから、これをグラフで求めたことになります。

*

次に「b」を求めます。

図10-9を見てください。

①「x」が10倍になる位置「x＝10」を探します。

「x」が10倍になれば、「y」はどれだけ下がるかを調べます。

以下、グラフの中の①～⑥を追ってください。

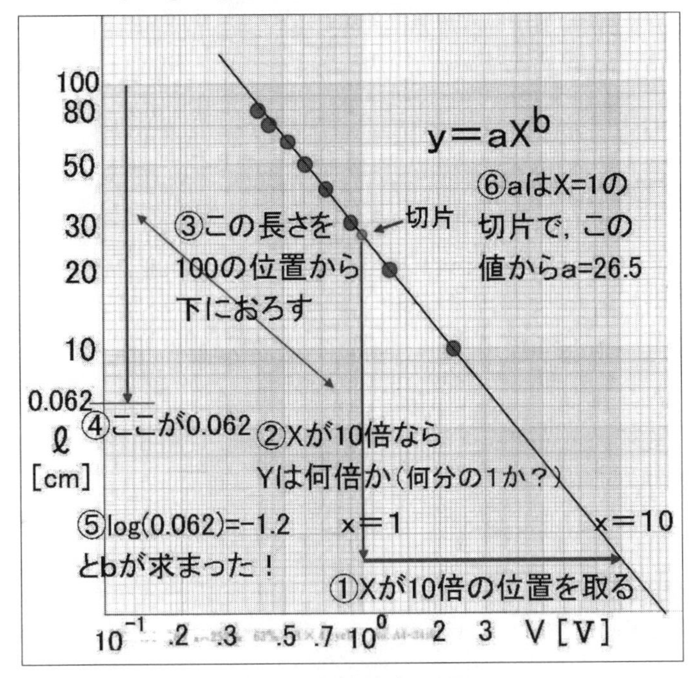

図10-9 電圧と距離の関係式

[手順]

[1]図10-9の下向き矢印と同じ長さをデバイダで取ります。

[2]これを、「y=100」の位置に取ります(y=10の位置でもよい)。

[3]このデータの直線が右下がりなので、「b」はマイナスになります。
よって、基準位置から下に寸法を取ります。

[4]ここは、10よりさらに下に落ちたので、さらに1/10となり「0.062」。

$$\log(0.062) = -1.2$$

となり、「b」が求まりました。
logの底は「10」です。

よって、「$\ell = 26.5V^{-1.2}$」と求まりました。

では、測定した電圧が「0.8V」だったとすると、「$\ell = 26.5 \times (0.8)^{-1.2}$」により、34.6cmとなります。

■光変調方式

「赤外線近接センサ」からは、絶えず一定の赤外線が発せられているのではなく、資料には、**図10-10**に示すように、「間欠的なパルス」が出ているとあります。
全体の周期は100μsで、周波数に直すと約10kHzとなります。

このうちの「8μs」だけが「ON」(赤外線が出ている時間)です。
この時間は1周期の「1/12.5」となります。

連続して「ON」にしないのは、物体の「近接検知」のためです。
また、発光素子から「8μs」(デューティー比1/12.5)のパルスを、検知サイクル1周期内に3回発光させます。

この「パルス発光」に「同期した入射光」、および「非同期の入射光」の検知結果をもとに、3パルス分の発光の間だけに同期した検知があれば、物体が接近したと判断し、3パルス分の間に発光と同期した検知が一度もなかった場合に物体が遠ざかった判断します。

＊

この「光変調方式」により、発光周期と同程の周波数成分をもつ単発的な「外乱光」によるノイズの影響を除去し、誤検知を防止しているのです。

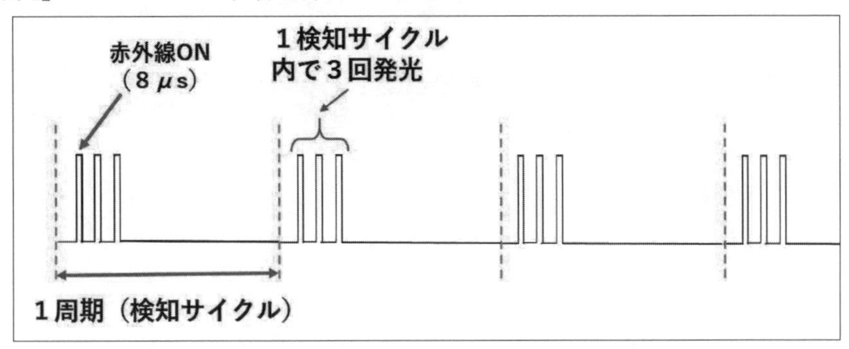

図10-10　検知用赤外線パルス

[演習1]

Arduinoに「赤外線近接センサ」をつなぎ、反射板と物差しを用意しセンサから反射板までの距離を実測してみましょう。

遠い位置から始めてください。

10cmより近くなると精度が落ちる可能性があります。

[演習2]

「赤外線近接センサ」の電圧出力「Vo」をArduinoのアナログ入力端子に入れて、まずAD変換された「0〜1023」までの数値が見えるようにしましょう。

アナログの電圧は、AD変換されて、数字符号に変わります。

このArduinoではAD変換器は10bitです。

では、変換される数字の値は、「0〜1023」となりますね。

もし5Vの電圧の変換なら「1023」になります。

(正確には「4.9951〜5.0」のとき「1023」になる)

「0〜1023」までの数値が見えるようにする

```
// ADConv.data1
const int pin = 0;
void setup() {
}
void loop() {
  int ad;                          //変数adは整数型にする
  ad = analogRead(pin);                    //この関数でアナログ電圧を整数にする
  Serial.println(ad);              //画面に表示する
  delay(1000);
}
```

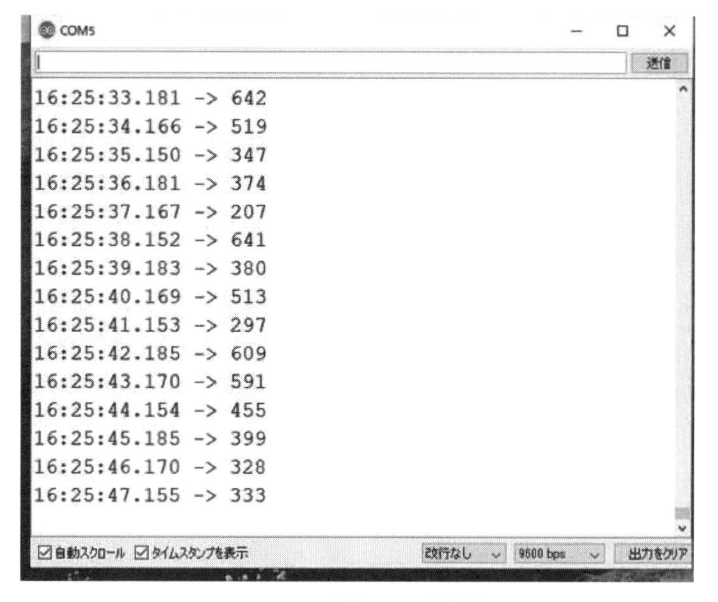

図10-11　変換された整数値

では、変換された「207」という整数値は、何ボルトでしょうか。
5Vが「1023」ですから、変換式は「5×207/1023＝1.01ボルト」ですね。

[演習3]

では、変換式を使ってプログラムに組み込み、「電圧値」が出るようにしましょう。

電圧値を出す

```
// ADConv.data2
const int pin = 0;
void setup() {
}
void loop() {
  int ad;
  float vo;
  ad = analogRead(pin);
  vo = (float)ad*5.0/1023.0;
  Serial.print(ad);
  Serial.print("    vo = ");
  Serial.println(vo);
  delay(1000);
}
```

Column pow(base, exponent)

べき乗の計算をする．小数も使える．

・base: 底となる数値 (float型)

・exponent: 指数となる数値 (float型)

・戻り値は，べき乗の計算の結果で (double型)

【例】a = pow(10, 1.5);

10-3 「赤外線近接センサ」で距離を測る

実際の距離を測るプログラムを書いてみましょう。
上手くいくと、距離が表示のように表われます。

■「計算式」と「実測値」の食い違い

前節のとおりに「赤外線近接センサ」を作って距離を測ってみると、実測値と合わない場合があります。

メーカーから与えられた**図10-7**に示す「電圧」と「距離」のグラフから、この章の冒頭の**図10-8**の「両対数グラフ」に書き直し、そこから「$\ell = 26.5V^{-1.2}$」なる「一般式」を導きました。
この式から「センサ受光部の電圧V」が分かれば、「距離ℓ」を求めることができます。

＊

メーカーのグラフは、"工夫された「センサ」と「反射板」との精密な距離の測り方"とか、"「不要な光」がセンサに入ってこない環境"とか、"デコボコしていない平らな反射板を使った"といった、理想的な条件下で計測したデータだと思われます。

＊

今回、実測値に比べて上のメーカーのデータから求めたほうの値が小さくなりました。
この傾向は、遠くなるほどその差が大きくなることも分かりました。

そこで、**図10-14**に示すように「距離」と「電圧」を実際に測ってみることにしました。

＊

この結果から得られたグラフを**図10-15**に示します。
これを基に計算すると、「ℓ」と「Vの関係は、

$$\ell = 26.5V^{-1.12}$$

となり、「計算式」と「実測値」が合うようになりました。

距離測定プログラム

```
// ADConv.data3
const int pin = 0;
void setup() {
}
void loop() {
  int ad;
  float vo;
  double ld;
  ad = analogRead(pin);
  vo = (float)ad*5.0/1023.0;
  ld = 26.5*pow(vo,-1.2);
  Serial.print("ld =  ");
  Serial.println(ld);
  delay(1000);
}
```

図10-13 計算結果

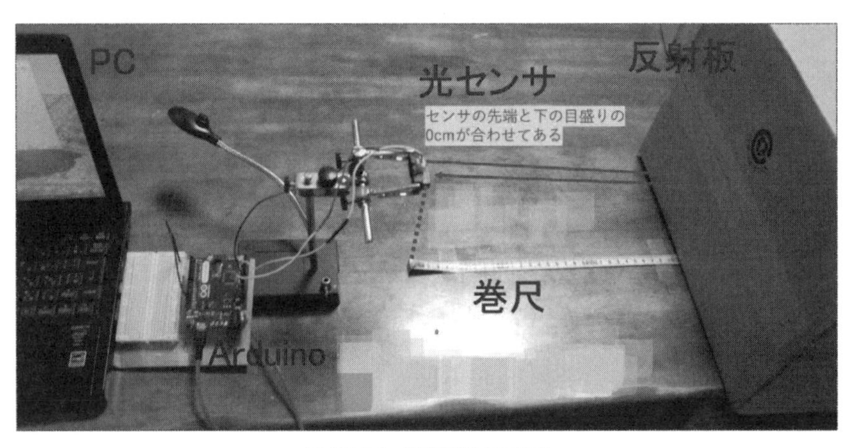

図10-14　距離測定の様子

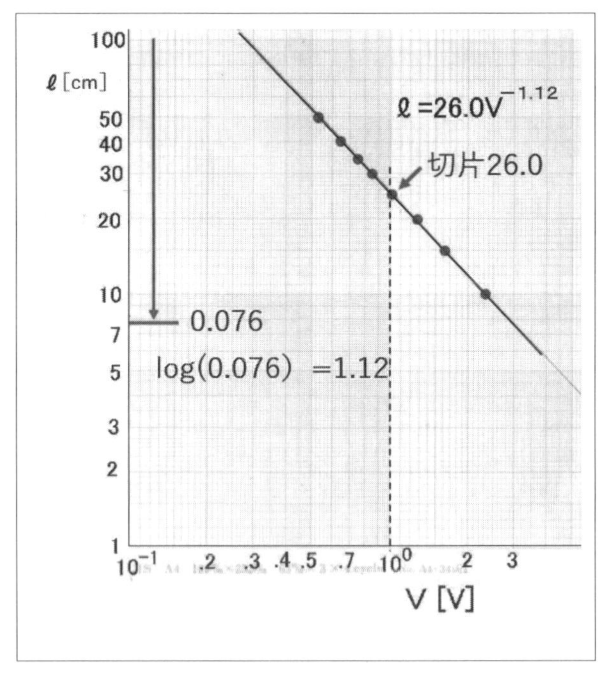

図10-15　距離実測グラフ

[演習4]

「物体」(反射板など)がセンサの周囲40cm以内に入ると「LED」(赤色)が点灯するプログラムを作ってみましょう。

*

「赤色LED」を用意します。
Arduinoのどのピンに接続するか決めてください。

ピンにLEDを差し込んだら、「setup {}」の中で宣言が必要です。
40cm内に入ると{}の中はどう書きますか?
何が40cmより小さいのかを考えれば分かりますね。

プログラムは、以下です。

```
if(40cmより小さい)                    if( ○<△)
    文1(LED点灯);
そうでなければ                         else
    文2(LED　消灯);
```

LED点灯プログラム

```
// ADConv.5
const int pin = 0;
const int pinLED = 12;
void setup() {
  pinMode(pinLED,OUTPUT);
}
void loop() {
  int ad;
  float vo,ld;
  ad = analogRead(pin);
  vo = ad*5.0/1023.0;
  ld = 26.0*pow(vo,-1.12);
  Serial.print("ld =  ");
  Serial.println(ld);
  if(ld < 40)
    digitalWrite(pinLED,HIGH);
  else
    digitalWrite(pinLED,LOW);
  delay(500);
}
```

[演習5]

物体が近づくとだんだん音が高くなるようなプログラムを作りましょう。

たとえば、距離ldが15cmくらいなら「1050Hz」くらいの音が鳴り、距離が70cmなら「220Hz」の音がでるようなプログラムを作りましょう。

こうすると、人が近づけばだんだん音が高くなって聞こえます。

＊

図10-16で与えられた２点の「丸」を直線で結び、この１次方程式を解くと、「**frq ≒ －15ℓd＋1275**」となります。

これを使うと、「距離」が変われば「周波数」も変わるので、その音を「圧電ブザー」で鳴らします。

音を出すには「tone (ピン番号,周波数) ; 」で、音を止めるには「noTone(ピン番号) ; 」でしたね！

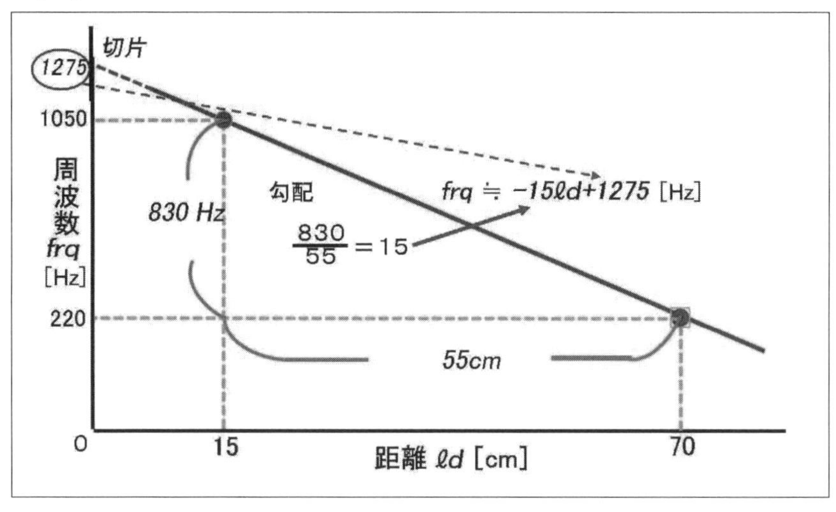

図10-16 「センサまでの距離」と「周波数」の関係式

ブザーを鳴らすプログラム

```
// ADConv.data6
const int pin = 0;
const int pinSON = 10;                   //圧電ブザー10ピンにつなぐ
void setup() {
  pinMode(pinSON,OUTPUT);       //10ピンOUTPUTモードにする
}
void loop() {
  int ad;                       //変数の型宣言
  float vo,ld,frq;
  ad = analogRead(pin);
  vo = ad*5.0/1023.0;
  ld = 26.0*pow(vo,－1.12);   //電圧値から距離の計算まで
  Serial.print("ld =  ");
  Serial.println(ld);
  if (ld < 80){                          //もし,○○cm内に物体が入って来たら…
    frq = -15*ld + 1275;                 //距離ℓdを周波数に変える式
    tone(pinSON,frq);           //10ピンに周波数を出力する
    delay(200);}                         //その音を200ms持続する
  noTone(pinSON);               //その音を止める
  delay(500);                   //500msおいて,冒頭に戻る
}
```

第11章

Arduinoで「7セグLED」に数字を表示する

Arduinoを使って「7セグメントLED」に、「数字」や「A、B、C」などの記号を表示してみましょう。

＊

「7セグメントLED」には、大きく分けて2つのタイプがあります。

今回は、**図11-1**のような、「カソード」(カソード；K)が「共通」(「コモン」という)のものを使います。(「カソード・コモン」という)

たとえば、「a」と記したセグメントだけを点灯したければ、「a端子」に「＋」電圧をかければよいのです。

よって、「8」という数字を表わしたかったら、「a～g」の7端子に「＋」の電圧をかければよいと分かります。

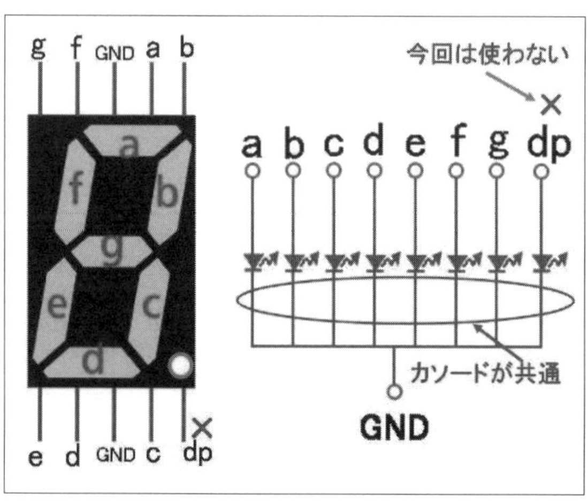

図11-1　7セグLED「カソード・コモン」

このとき、「＋5V」を印加すると「LED」に電流が流れすぎて破損する恐れがあります。

そこで、「a〜g」の端子に「抵抗」(390Ω程度)を入れてください。

図11-2は数字を表示するときに、どのセグメントをONにするか、Offにするか、を示したものです。

たとえば、「数字8」を表示するには、「a〜g」まですべて「ON」(「1」ということ)にします。

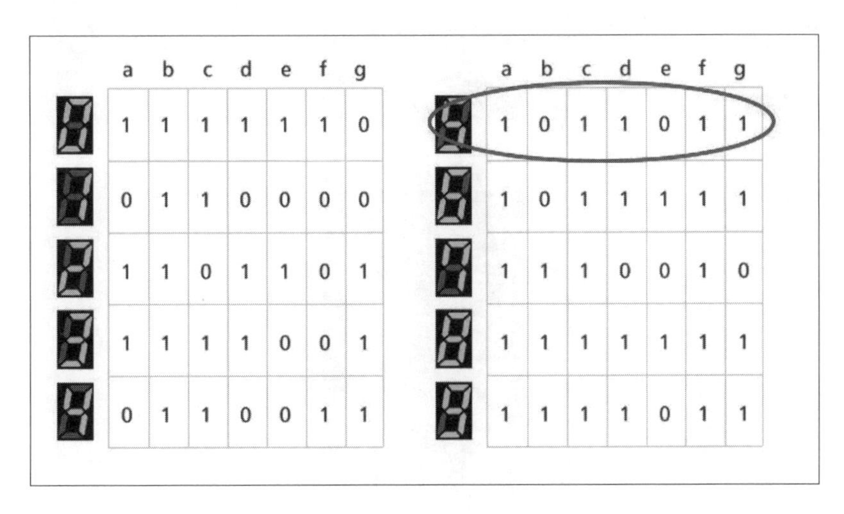

a	b	c	d	e	f	g
1	1	1	1	1	1	0
0	1	1	0	0	0	0
1	1	0	1	1	0	1
1	1	1	1	0	0	1
0	1	1	0	0	1	1

a	b	c	d	e	f	g
1	0	1	1	0	1	1
1	0	1	1	1	1	1
1	1	1	0	0	1	0
1	1	1	1	1	1	1
1	1	1	1	0	1	1

図11-2　7セグLEDコード表

11-1 Arduinoと「7セグ」の接続

この章では、「7セグLED」とArduinoの接続は変わらないので、先に接続手順について説明します。

「7セグ」の「a～g」の端子に、**図11-3**のように「390Ω」くらいの抵抗を接続して、Arduinoの「digital端子」につなぎます。

「GND端子」が2つ出ていますが、電流を分けて流したほうが発熱などの心配がないので、両方とも「Gnd」につなぎます。

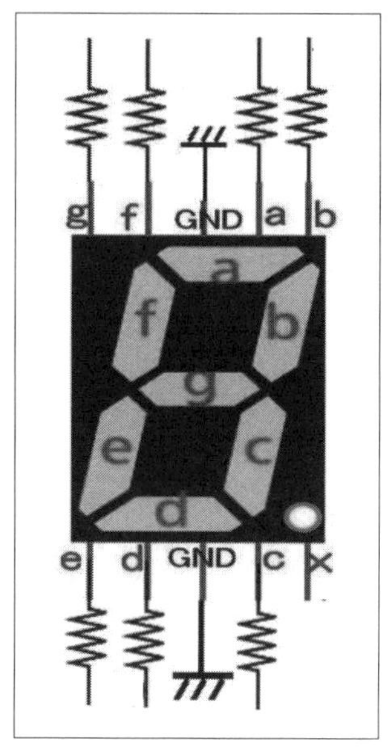

図11-3 7セグLEDに抵抗を加える

図11-3に示すように、「7セグメント」の「a、b、c、・・・」の順に、Arduinoの「DIGITAL端子」の「2番ピン」から順に「8番ピン」まで接続します。

今回、「7セグ」の「dp」(小数点を表わす)ピンは、使いません。

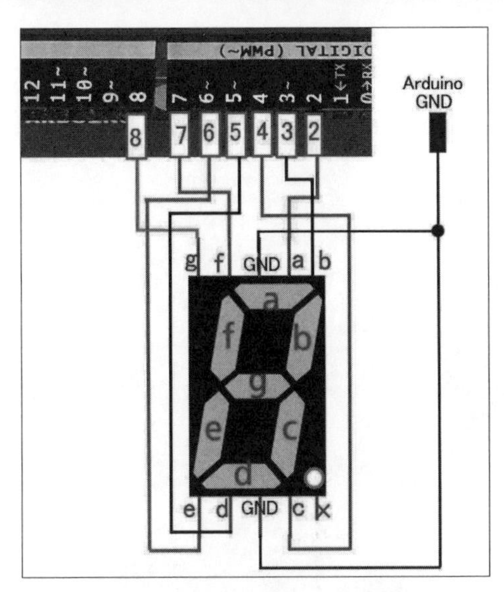

図11-4　Arduinoと7セグの接続図

図11-5のブレッドボードの配線には、写真のように、LED点灯時の電流制限用の抵抗(「390Ω」くらい)を横に配置して、中央の溝の両端で「接続ケーブル」とつなぎます。

図11-5　7セグ配線

図11-6も同じですが、別の角度から見ています。

「7セグLED」の端子から、「抵抗」はすべて横に挿し込み、反対の足からボードを横に垂直に上がって、「ジャンパー線」でArduinoにつながると、スッキリ見えます。

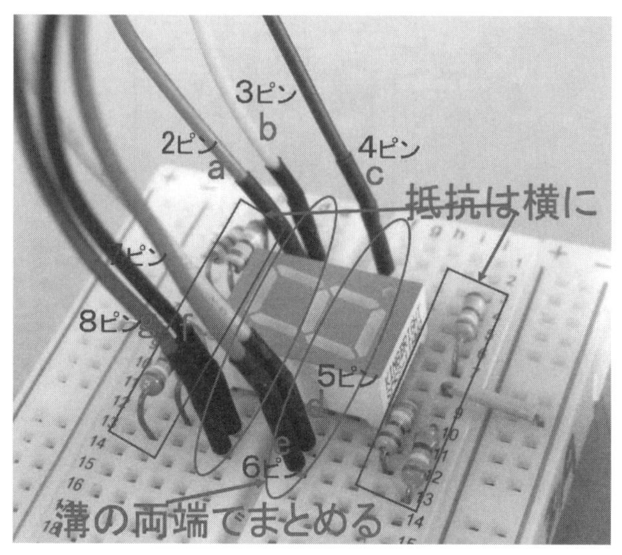

図11-6　7セグLED配線2

今回は「＋5V」の供給をArduinoからはしません。

というのは、5Vの供給はArduinoの「デジタル・ピン」から、リード線で7セグの各端子に入り、GNDから流れ出るからです。

このため、Arduinoから「＋5V」をブレッドボード側に接続は不要ですが、Arduinoとボードの「GND」はつながっていないといけません。

「7セグLED」の上下を間違えないように注意しましょう。

「dp」の○印を下にしてみます。

「上端右端」が「b」で、「上端左端」が「g」です。

確認です！

Arduinoから、ボードには、8本の線だけでつながっています。

「a～g」で7本、「GND」で1本の計8本です。

[演習1]

7セグに数字「6」を表示してみましょう。

プログラムでは、まず「pinMode (○○,OUTPUT) ;」が7ヶ必要です。

LEDに書き込むときには、「digitalWrite (3,1) ; 」のようにすれば、3ピンに「1」が出るので、LEDの「b」のセグメントだけに点灯します。

数字「6」は、**図11-2**から調べてください。

[演習2]

英記号「A」を各自作って表示してみましょう。

「A」と読めれば正解とします。

■[演習の答]

[演習1]

数字の「6」は、**図11-2**から「1011111」となります。

このとき、最初の「1」(左端)は「ピンa」に入ります。

プログラム例です。

7segLEDに「6」を表示

```
void setup() {
  pinMode(2,OUTPUT);
  pinMode(3,OUTPUT);
  pinMode(4,OUTPUT);
  pinMode(5,OUTPUT);
  pinMode(6,OUTPUT);
  pinMode(7,OUTPUT);
  pinMode(8,OUTPUT);
}
void loop() {
  //[6]=1011111
  digitalWrite(2,1);   // a ON
  digitalWrite(3,0);    // b Off
  digitalWrite(4,1);    // c ON
  digitalWrite(5,1);    // d ON
  digitalWrite(6,1);    // e ON
  digitalWrite(7,1);    // f ON
  digitalWrite(8,1);    // g ON
}
```

[演習1]の別解

プログラム「6」表示

```
void setup(){
  for(int n = 2; n < 9 ; n++)        //for文で、n=2〜8まで回ります
    pinMode(n, OUTPUT);       //回るたびに、n=2からOUTPUTしていきます
}
void loop() {
  //[6]=1011111
  digitalWrite(2,1);
  digitalWrite(3,0);
  digitalWrite(4,1);
  digitalWrite(5,1);
  digitalWrite(6,1);
  digitalWrite(7,1);
  digitalWrite(8,1);
}
```

[演習2]

英文字「A」を、各自作って、表示してみましょう。

下に「7セグ」のモザイクがありますが、これに鉛筆などで「A」に見えるように塗ってみてください。

たとえば、このような･･･

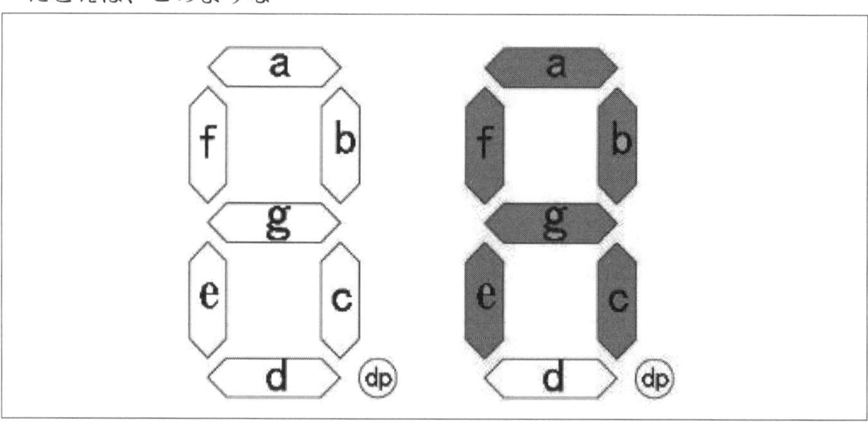

図11-7　英文字Aを作る

a	b	c	d	e	f	g
1	1	1	0	1	1	1

```
void setup(){
  for(int n = 2; n < 9 ; n++)
    pinMode(n, OUTPUT);
}

void loop() {
                                                            //[A]=1110111
  digitalWrite(2,1);  //上から(aから)順番に7つの数字を入れていきます
  digitalWrite(3,1);
  digitalWrite(4,1);
  digitalWrite(5,0);
  digitalWrite(6,1);
  digitalWrite(7,1);
  digitalWrite(8,1);
}
```

11-2 「7セグLED」で「0〜9」を表示するプログラム

Arduinoを使って「7セグメントLED」に「数字」や「A、B、C」などの記号を1つだけ表示することができたと思います。

ここでは、「0〜9」の数を連続して表示するプログラムを考えてみましょう。

このためには、**「配列」**ということを学ぶ必要があります。

そこで、まず、「1次元配列」からです。

たとえば、**図11-8**のように、「箱」が5箱あって、「箱a」には5、「b」には3･･･というように整数が入っていたとします。

「これの箱の中身の合計を求めよ」というときには、各「変数a、b、c」を足すことになります。

しかし、「箱」が増えて、「20個」とかある場合に、変数を「a、b、c･････」というように設けていたのでは、管理も大変です。

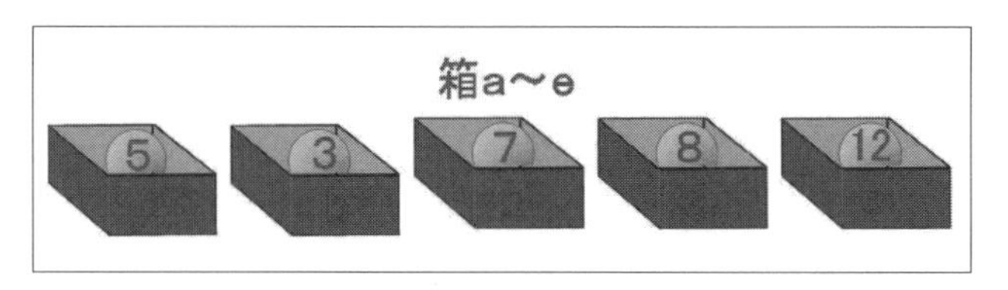

図11-8　配列の導入図

そこで、一つの長い箱の内部を区切って、小部屋を設けて管理することとしました。

この方法を、「配列」と言います。

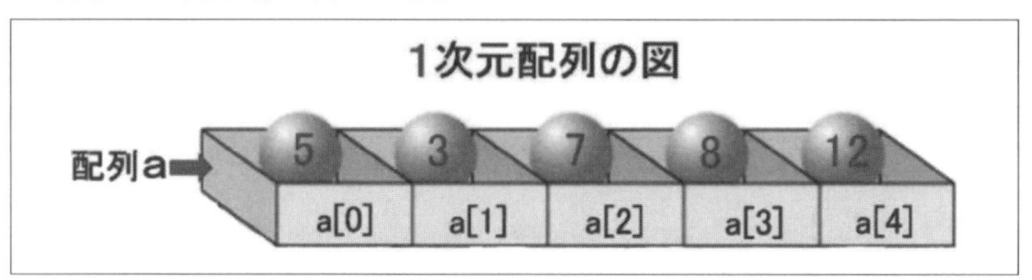

図11-9　1次元配列

＊

各小部屋には連続した番号が付きます。

たとえば、「小部屋」を5つ設けるには、「int a[5]；」と宣言します。

このとき、「配列a」のどの小部屋にも「int型」の整数が入り、「a[0]～a[4]」の番号が付きます。

（「a[0]」から始まることに注意！よって「a[4]」までとなる）

さらに、「初期値」としてこの中に数値を書き込むには、「{5,3,7,8,12};」と順番に数値を置けば自動的に、「a[0]＝5、a[1]＝3･･･」と入力されていきます。

便利ですね。

そして、「for文」を使って5回せば、2行で合計が計算されます。

```
void loop() {
  int a[5]={5,3,7,8,12};
  int k,w=0;
  for(k=0;k<5;k++)
   w += a[k];
  Serial.println(w);
}
```

つまり、配列を使えば、[]の番号で管理できるので、かなり複雑な処理が可能になります。

プログラムの「w+=a[k];」は、「w=w+a[k];」と同じで、「w」に「a[k]」を足し込め、という意味です。

＊

次に、「2次元配列」を見てみましょう。

下記の「2次元配列」は「長箱」が「2段」（2行）で、一つの「長箱」に「5つの数値」を入れるとすると、「宣言」は「int a[2][5];」となります。

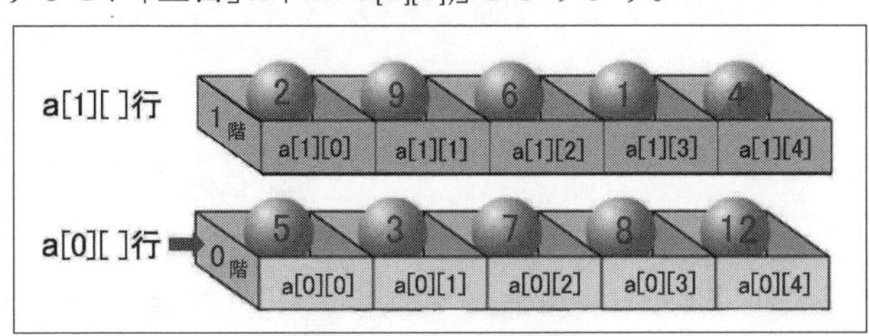

図11-10　2次元配列

この図では、「2階建てのアパート」に見立てると、「2階ぶん各×階5部屋」の「計10部屋」ありますね。

各部屋には番号がついています。

これで部屋管理ができます。

この「アパートの名前」は、「a」と言います。

いま、「a[0][3]」に「数値8」を入れたければ、「a[0][3]=8;」とします。

「配列」はすべて「0番」からスタートです。

配列で2次元以上あるときは、あとの[]から回っていきます。

では、この「aアパート」の各部屋に図の数値を入れて、全部屋の数値を合計してみましょう。

「1次元配列」の考えを延長して、次のようになります。

```
void setup() {
}
void loop(){
  int a[2][5]={
    {5,3,7,8,12},
    {2,9,6,1,4}
```

```
  };
  int k,n,w=0;
  for(k=0;k<2;k++)
    for(n=0;n<5;n++)
      w += a[k][n];
  Serial.println(w);
}
```

Column 2次元配列の計算

int型の数を格納できる2次元配列を、2段5列設ける。

a[0][0]～a[0][4]に初期値5,3,7,8,12を、a[1][0]～a[1][4]に初期値2,9,6,1,4を、それぞれ格納する。

「int型」の変数k,n,wを設け、wには初期値として0を入れる。

上のfor文で、まずkを「0」とする。

そして、下のfor文でnを「0」から「4」まで「w+=a[0][n]」回すと、「w=a[0][0]+ a[0][1]+ a[0][2]+ a[0][3]+ a[0][4]」が行なわれる。

終わると下の「for文」を抜け、上のfor文に戻り、kを「1」にして下の「for文」に入り、先の「w」に、「a[1][0]+ a[1][1]+ a[1][2]+ a[1][3]+ a[1][4]」が足される。

これを繰り返す。

[演習3]

配列を使って、「5」を表示してみましょう。

たとえば「セグメント」に「5」を表示してみましょう。

表から、「5」の「7セグ・データ」は、次のようになります。

a	b	c	d	e	f	g
1	0	1	1	0	1	1

注意

表の「a」～「g」の並びと**図11-11**の並びが逆になっています。

これは「a」を2ピンに「b」を3ピンに……という風に接続したためです。

(抵抗は省略しています)

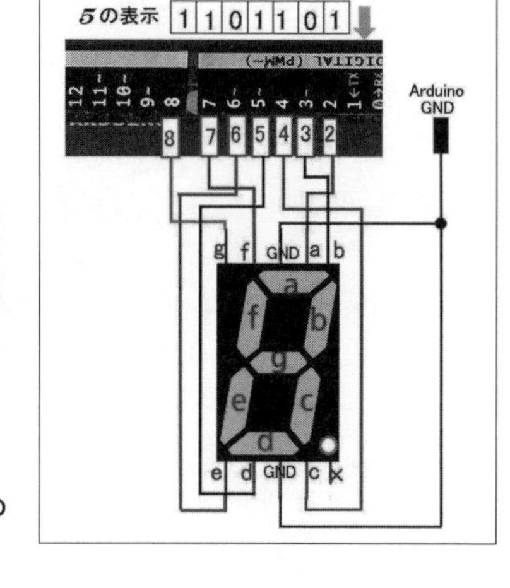

図11-11　7セグ5の表示のため

これを「Arduino端子」の「2ピン」から順に「8ピン」まで、この「1」か「0」を入れるプログラムを作れば「5」が表示されます。

＊

まず、いちばん分かりやすいプログラムを書いてみましょう。

プログラム<1>を見てください。「5」が表示されます。

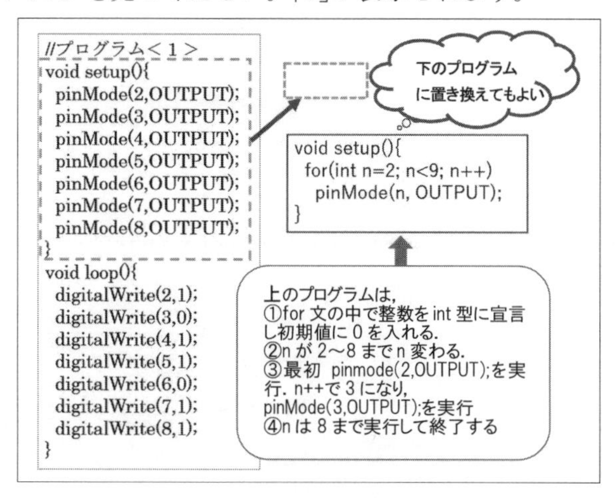

図11-12　プログラム<1>

■「1次元配列」を使ってみる

「7セグLED」の文字構成には、7つのセグメントが必要ですね。

この7つのセグメントの「ON」または「OFF」で、「文字」(数字)が変わります。

よって、配列には7文字ぶんの部屋が必要になります。

そこで、この「配列名」を「SegAr」としましょう。

すると、「SegAr[7]」と宣言する必要があります。

しかし、配列の中身(「SegAr」という名の「アパート」の各部屋に入る「数値」や「文字」の「型」を宣言しなければいけません。

この「各部屋」には、「true」(真)か「false」(偽)という2値だけの「データ型」の情報が入るための宣言として、新しく「Boolean」(ブーリアン)というのを使います。

「Arduinoの各端子」に1か、0を書き込むときの型をBoolean型としたわけです。

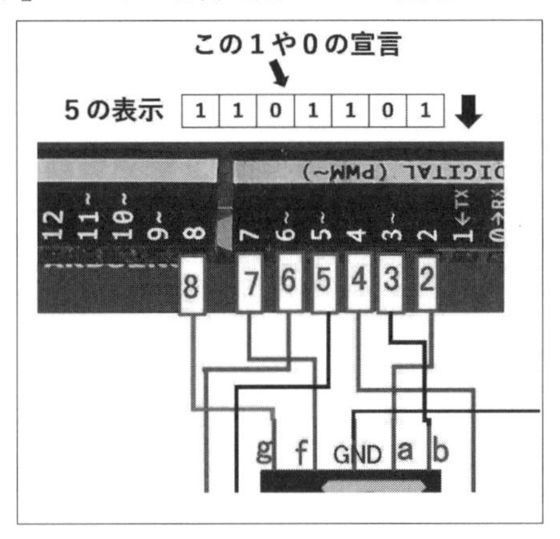

図11-13 Boolean型を使う

単純に言うと、「真=正しい=1」「偽=まちがい=0」ということです。

「boolean SegAr[7] ={1,0,1,1,0,1,1};」とすれば「SegAr」という名の「アパート」に「7部屋」用意し、各部屋に順番に「1、0」の値が入りました。

たとえば最初の部屋の中身を知りたければ「SegAr[0]」とします。

当然、最後の部屋の部屋番号は「SegAr[6]」ですよね!

こうやって、同じことを書き直したのが、**プログラム<2>**です。
各自試してみてください。

プログラム<2>

```
void setup(){
  for(int n=2;n<9;n++)
    pinMode(n,OUTPUT);
}
boolean SegAr[7] ={1,0,1,1,0,1,1};

void loop(){
  digitalWrite(2,SegAr[0]);  //2ピンに「SegAr[0]」、つまり1が
  digitalWrite(3,SegAr[1]);  //出力されaセグが点灯
  digitalWrite(4,SegAr[2]);
  digitalWrite(5,SegAr[3]);
  digitalWrite(6,SegAr[4]);
  digitalWrite(7,SegAr[5]);
  digitalWrite(8,SegAr[6]);
}
```

プログラム<2>をさらに簡単に記述するために、「loop()」の中の「digitalWrite(2,SegAr[0]);」が「7つ」並んでいるのを、「for文」で書き直します。

・ポイントは、配列の中の変数を「k」などとし、「for文」で「k」を「0～6」まで7回まわせばよい。

```
for(int k=0; k<7; k++)
```

・このとき、「出力」の「最初のピン」が、「2番ピン」なので、

```
digitalwrite(k,････)
```

とすれば「0番ピン」に出力するので、工夫が必要。

プログラム<3>

```
boolean SegArray[7] ={1,0,1,1,0,1,1};    //booleanを上にしてもよい
void setup(){
  for(int n=2; n<9; n++)
   pinMode(n,OUTPUT);
}
void loop(){
  for(int k=0; k<7; k++)
   digitalWrite(k+2,SegArray[k]);    //「k+2」としなければなりません
}
```

[演習4]

「7セグLED」の表示を「0～9」に連続して変わるようにプログラムをつくりましょう。

<ヒント>

配列は、2次元配列になります。

数の表示には「0～9」では10回ぶんありますから、「SegAr」という名のアパートは、「10階建て」の「各階7部屋」となります。

たとえば「0階」は「0」を表示するための「1」や「0」の素材が入っています。

「1階」は「1」を表示するための素材……最後の「9階」には「9」というようになります。

したがって、「配列の宣言」は、「Booline SegAr[10][7]；」となります。

そこで、数字の「3」を表示したければ「SegAr[3][k]」として「k」を「0～6」に「for文」で回しながらArduinoの「端子2～8」に「1」、または「0」を出力すれば、直ちに「3」が表示されます。

つまり、この「2次元配列」は、初めのほうの[]はどの数字を表わしたいかに係わり、次の[]には「その数のセグメントのデータ」が入っています。

これから、「2次元配列」のすべてを実行するには、「for文」が2つ必要になります。

for文1(0～9までのどの数を表示したいか)

for文2(0～6までの7つのセグメントにLEDを点灯する)

次ページには、①「loop()」の中で「for文1」で各階を表示関数で呼び出し、一方、

「表示関数DispNo(引数)」では、「for文2」でその階の表示を出力するように、2つに分けた**プログラム＜4＞**と②「for文1、2」を2つないだ**プログラム＜5＞**との2例を掲げます。

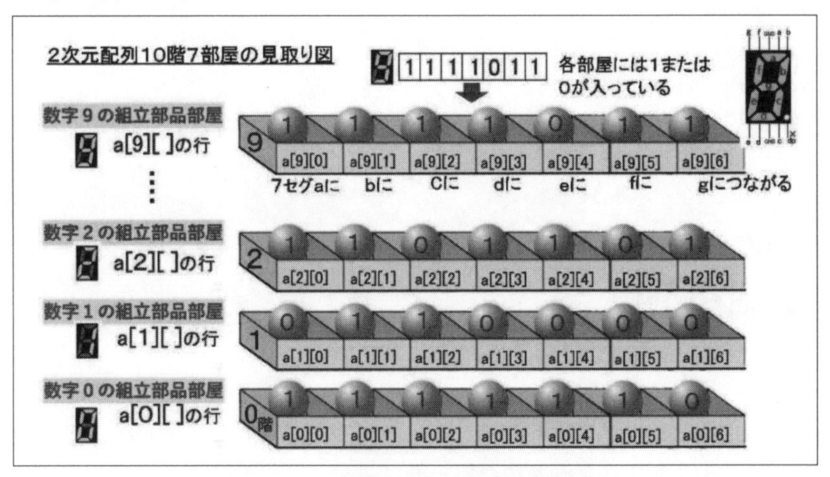

図11-14　2次元配列「10段7列」の構成図

プログラム＜4＞

```
//7セグLED0～9まで点灯
// LED7セグ配置
boolean SegAr[10][7]={
  {1,1,1,1,1,1,0}, //0
  {0,1,1,0,0,0,0}, //1
  {1,1,0,1,1,0,1}, //2
  {1,1,1,1,0,0,1}, //3
  {0,1,1,0,0,1,1}, //4
  {1,0,1,1,0,1,1}, //5
  {1,0,1,1,1,1,1}, //6
  {1,1,1,0,0,1,0}, //7
  {1,1,1,1,1,1,1}, //8
  {1,1,1,1,0,1,1}  //9
  };                              ①
void setup(){
  for(int n=2;n<9;n++)
    pinMode(n,OUTPUT);            ②
}
```

```
// 7セグ表示関数
void DispNo(int dn){
  for(int k = 0; k<7; k++)
    digitalWrite(k+2,SegAr[dn][k]);          ③
}
void loop(){
  for(int sn=0; sn<10; sn++){
    DispNo(sn);                              ④
    delay(1000);
  }
}
```

[プログラム解説]

①これらが全部、図11-14のように入った。

②Arduino2番ピン～8番ピンまで、pinModeがOUTPUTになった。
7セグLEDに点灯できる準備が整った。
これで、「pinMode(×,OUTPUT)」を7回書かなくていい。

③自分が作った関数。
たとえば、この関数に「DispNo(5)」とすると、「digitalWrite(2,SegAr[5][0])～digitalWrite(8,SegAr[5][6])」を実行する。
よって、数字の「5」が表示できる！
「k+2」にしているのは、Arduinoのデジタル端子の2番～8番の端子に「1」か「0」を出力するためである。
ここを「k」とすると0番から6番になり、数字が正しく表示されない。

④for文でsnを使って0～9まで10回まわしている。
そのたびに、「DispNo(sn);」関数を10回呼び出して、「DispNo(0)」なら「0」、「DispNo(8)」なら「8」を表示する。
このようにして、0～9までを連続して7セグに表示している。
「delay()」がないと数字が速すぎて読めないので、注意！

プログラム＜5＞

```
//7セグLED0～9まで点灯
// LED7セグ配置
boolean SegAr[10][7]={
  {1,1,1,1,1,1,0}, //0
  {0,1,1,0,0,0,0}, //1
  {1,1,0,1,1,0,1}, //2
  {1,1,1,1,0,0,1}, //3
  {0,1,1,0,0,1,1}, //4
  {1,0,1,1,0,1,1}, //5
  {1,0,1,1,1,1,1}, //6
  {1,1,1,0,0,1,0}, //7
  {1,1,1,1,1,1,1}, //8
  {1,1,1,1,0,1,1}  //9
  };
void setup(){
  for(int n=2;n<9;n++)
    pinMode(n,OUTPUT);
}
void loop(){
for(int j=0;j<10;j++){
    for(int k=0; k<7; k++)
      digitalWrite(k+2,SegAr[j][k]);
    delay(1000);
  }
}
```

[プログラム解説]

プログラム＜5＞は、「表示関数」を使わないで「for文」2つで作った例です。

最初の「for文」は、「10階建てのアパートの何階(j)」かを指定します。
その後の「for文」は「その階の各部屋(k)」を指定するためのものです。

ここで「注意」です。
最初の「for文」は、「j<10」が正しければ2つの文を実行するので{ }が付いています(2番目の「for文」と「delay文」です)。

*

「loop()」に入ると、まず「j=0」とします。

「j<10」は正しいので2番目の「for文」を実行します。

すると、「k=0」とし、「k<7」は正しいので、「digitalWrite(0+2,SegAr[0][0])」をします。

「SegAr[0][0]」は1なのでArduinoの「2ピン端子」に出力します。

すると、「7セグ」の「a端子」が「1」となり、一番上の横棒だけが点灯します。

これが終わると「k」を「1」とし(k++より)「digitalWrite(0+2,SegAr[0][1]);」でセグの「b」が点灯します。

「k」が「6」までいくと「0」が完成します。

抜けて、「delay」で「1秒間」持続します。

そして最初の「for文」に戻り、次は「j」を「1」にし、「digitalWrite(0+2,SegAr[1][0]);」に移ります。

こうして「1」を表示して、次に「2」を表示して…となります。

11-3 「7セグLED」2つをArduinoで表示する

Arduinoを使って「7セグメントLED」を0〜9に表示することができました。

しかし、桁が上がって「13」とか「28」という数値を表示するとなると、「7セグLED」がもう一つ要ります。

「Arduino Leonardo」では、「デジタル端子」が「2〜13」ですから、単純に接続すると、出力の端子が足りません。

(アナログ端子も「6ピン」あり、利用可能ですが、制御方法が異なります)

そこで、今回は、「7セグLED」を2個使って表示する方法を考えてみましょう。

＊

「7セグLED」の「1〜9」の表示は、「a〜g端子」7つのセグメントの「1、0」で決まりますが、表示したい「1〜9」の数値をLED用に変換するのに規則性がありません。

そこで、この変換を、

①Arduinoを使ってプログラムで行なう方法
②デジタルICを使いすべてハードウェアで行なう方法
③デジタルICを使い、Arduinoでのソフトを簡略化する方法

などから選ぶ必要があります。

ここでは、「①の方法」で試してみましょう。

図11-15の2つの「7セグLED」の「A」と「B」を並べて、各々の「a〜g端子」をつないで、それらをArduinoのデジタル端子「2〜8ピン」につなげます。

「Aセグ LED」の「a」と「Bセグ LED」の「a」をつなぎ、「Arduino」の「2ピン端子に接続。

以下同じように「b〜g」で行なう。

7セグLEDは2つとも「カソード・コモン」を使っています。

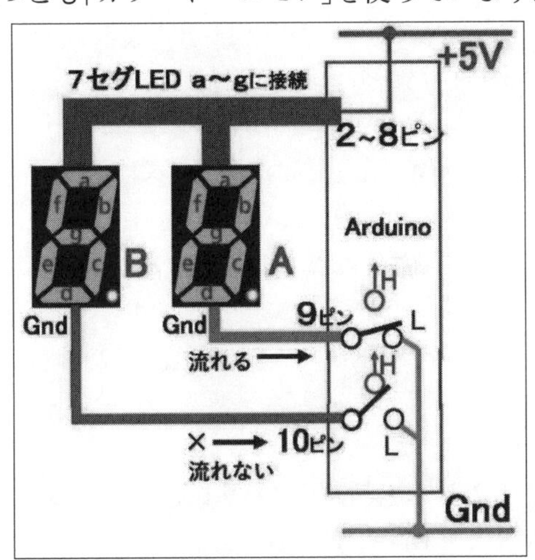

図11-15　7セグLED2個切換

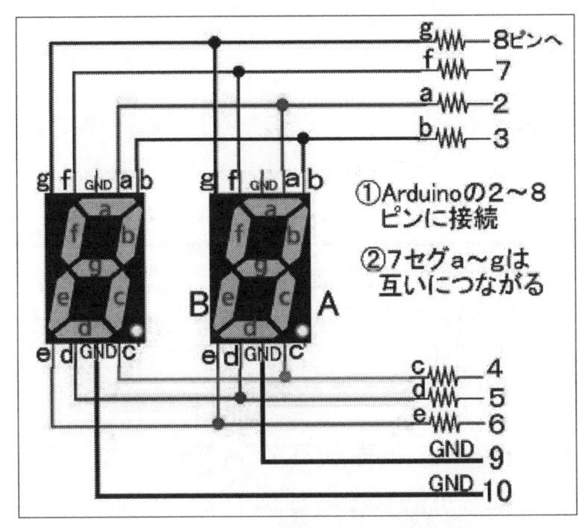

図11-16　7セグLED2個使用

「AセグLED」の「GND」は「デジタル端子」の「9ピン」に接続。
「Bセグ」の「LED」の「GND」は、「10ピン」に接続します。

「2～10ピン」はすべて出力モード「pinMode(n,OUTPUT);」とします。
この中で「2～8ピン」は「7セグLED」で数を表示するのに使います。

「9ピン」と「10ピン」は「A」と「B」のどちらを表示するかの選択に使います。
図に示すように、たとえば「A」の「7セグ」だけを表示したければ、「9ピン端子」を「digitalWrite(9,LOW);」によって「LOW」にします。
すると、電流は「+5V」から流れて「A」の「7セグ」に入り、「各LED」を通り抜け「Gnd」から「9ピン」に入りArduinoの「GND」へ抜けていきます。
このとき、「B」の「7セグ」は使わないので「digitalWrite(9,HIGH);」としておけば「2～8ピン」と、ほぼ同電位になるので、電流は流れず、表示されません。

では、「A」と「B」の「7セグLED」に別々の数値を表示するには、どうすればいいでしょうか。

*

まず、「A」に表示したい「数値情報」(7個ぶん)を「2～8」ピンに出力し、同時に「9ピン」を「LOW」に、「10ピン」を「HIGH」にします。

次に「B」に表示したい「数値情報」を出して「9ピン」を「HIGH」にし、同時に「10ピン」を「LOW」にします。

これを素早く切り替えれば、両方の表示が見えるはずです。
次のプログラムでテストしてみましょう。

[演習1]

2つの「7セグLED」の「A」と「B」を切り替えて「5」を表示するためのプログラムを実際に試してみましょう。

回路は「7セグLED」が1個のときとそんなに変わりません。
「抵抗」を通ったあとから分岐して同じ端子にジャンパー線を加えます。
あらたに、「ピン9,10」を各「LED」の「GND」につなぐ作業が増えただけです。

「k」の値を大きくしたり、小さくして、「5」の数字が「右「左」と点滅するのではなく、同時に「5」が見えるように調整しましょう。

簡単7セグの「5」を切り替えて表示

```
void setup(){
  for(int n=2;n<11;n++)
    pinMode(n,OUTPUT);
}
void loop(){
  int k = 50;                        //kの値を調整してみましょう
  digitalWrite(2,1);
  digitalWrite(3,0);
  digitalWrite(4,1);
  digitalWrite(5,1);                 //「5」の表示
  digitalWrite(6,0);
  digitalWrite(7,1);
  digitalWrite(8,1);

  digitalWrite(9,HIGH);              //9ピンAが消える
  digitalWrite(10,LOW);              //10ピンBが点灯
  delay(k);
  digitalWrite(9,LOW);               //9ピンAが点灯
  digitalWrite(10,HIGH);             //10ピンBが消える
  delay(k);
}
```

[演習2]

次に、「LED」の「A」と「B」に別々の数字を出してみましょう。
たとえば「A」には「3」で「B」には「5」というようにできますか？

先に説明したように、ここでも数値を与えると、その「7セグ」用の表示に変換して表示する関数「DispNo()」を活用します。

7セグLED2個使用し、3と5を表示

```
// LED7セグ配置
boolean SegAr[10][7]={          ─┐
  {1,1,1,1,1,1,0}, //0           │ ①
  {0,1,1,0,0,0,0}, //1           │
  {1,1,0,1,1,0,1}, //2           │
```

```
  {1,1,1,1,0,0,1}, //3
  {0,1,1,0,0,1,1}, //4
  {1,0,1,1,0,1,1}, //5
  {1,0,1,1,1,1,1}, //6                ①
  {1,1,1,0,0,1,0}, //7
  {1,1,1,1,1,1,1}, //8
  {1,1,1,1,0,1,1} //9
};

void setup(){
  for(int n=2; n<11; n++)             ②
    pinMode(n,OUTPUT);
}
// 7セグ表示関数
void DispNo(int dn){
  for(int k=0; k<7; k++)                      ③
    digitalWrite(k+2,SegAr[dn][k]);
}
void loop(){
        DispNo(3);
        digitalWrite(9,0);
        digitalWrite(10,1);           ④
        delay(10);

        DispNo(5);
        digitalWrite(9,1);
        digitalWrite(10,0);           ⑤
        delay(10);
}
```

[プログラム解説]

①2次元配列SegArに「0」～「9」の7セグメントの1か0のデータを書き込む。
小数点を表わすdpは外している。
boolean型は0か1の整数で表わされる。

②ピンのn=2からn=10までを出力ポートとする

③DispNo()という関数に0から9までの整数を入れる。
その数がLEDに表示される。

④7セグ表示関数に3を渡す。
(9,0)なのでA側LEDが点灯、(10,1)なのでB側消灯。
10msその状態を保持。

⑤7セグ表示関数に5を渡す。
(10,0)なのでB側LEDが点灯、(9,1)なのでA側消灯。
10msその状態を保持。
これを高速に繰り返すので、「3」と「5」が表示されて見える。

[演習3]

「0～99」で連続してカウントするプログラムをつくり、表示しましょう。

<準備>

まず、たとえば任意の数「38」を、一桁の「8」は「7セグ」の右側の「A」に表示し、二桁目の「3」は「7セグ」の左側の「B」に表示する必要があります。

したがって、「00」から始まって「09」になると「10」に変わり、それから「99」まで連続して、しかも両方同時に表示される必要があります。

*

数字の「38」を分離するには、

①2桁目は、「整数/10」とします。
(整数同士の割り算は、小数点以下切り捨てとなるので、「3.8」は「3」となります)

②1桁目は、「モジュロ演算子」(剰余演算子)「%」を使って「余り」を求めます。

(0%10=0)	0＝10×0＋0なので	2桁目0、1桁目0
(1%10=1)	1＝10×0＋1なので	2桁目0、1桁目1
(2%10=2)	2＝10×0＋2なので	2桁目0、1桁目2

③「38/10＝3」となり、「38%10＝8」となりました。
「38＝10×3＋8」ですね。

④「n」を「0～99」の整数とすると、2桁目「=n/10;」、1桁目「=n%10;」で求まります。

⑤では、実際にテストしたプログラムと、その結果を下に示します。
「00～99」を繰り返します。

2桁の数字を分離させるプログラムテスト

```
void setup(){
}

void loop(){
  int k;
    for(k=0; k<100; k++){
    Serial.print("2桁 = ");
    Serial.print(k/10);                ①
    Serial.print("   1桁 = ");
    Serial.println(k%10);              ②
    delay(600);
  }
}
```

①ここで2桁目を取り出す

②剰余演算子を使い、余りを求める。
これを1桁目とする。

図11-17 「数を分離して表示」の様子

＊

実際のプログラムを次に示します。

7セグLED2個使用0〜99まで点灯

```
// LED7セグ配置
boolean SegAr[10][7]={
  {1,1,1,1,1,1,0}, //0
  {0,1,1,0,0,0,0}, //1
  {1,1,0,1,1,0,1}, //2
  {1,1,1,1,0,0,1}, //3
  {0,1,1,0,0,1,1}, //4
  {1,0,1,1,0,1,1}, //5
  {1,0,1,1,1,1,1}, //6
  {1,1,1,0,0,1,0}, //7
  {1,1,1,1,1,1,1}, //8
  {1,1,1,1,0,1,1}  //9
};                                    ①

void setup(){
  for(int n=2; n<11; n++)
    pinMode(n,OUTPUT);                ②
}
// 7セグ表示関数
void DispNo(int dn){
  for(int k=0; k<7; k++
    digitalWrite(k+2,SegAr[dn][k]);   ③
}
void loop(){
  int tn, ks;
  for(tn=0; tn<100; tn++){
     for(ks=0; ks<100; ks++){
        DispNo(tn % 10);              ④⑤⑥
        digitalWrite(9,0);
        digitalWrite(10,1);
        delay(5);

        DispNo(tn / 10);
        digitalWrite(9,1);
        digitalWrite(10,0);           ⑦
        delay(5);
    }
    delay(20);
```

```
  }
}
```

[プログラム解説]

①2次元配列は、まずSegAr[0]として、後の[ ]から回ります。
それで1段目SegAr[0][0～6]と回り1段目が入ります。
続いてSegAr[1]として後の[ ]が回り2段目が終了し、最下段のSegAr[9][6]までがすべて初期値としてメモリに収納されます。
たとえば、「5」の要素を引き出したければ、

```
for(int k=0; k<7; k++)
  SegAr[5][k];
```

とすることで、SegAr[5][0]～SegAr[5][6]の中身、{1,0,1,1,0,1,1}が扱えます。

②for文でn=2からn=10までのピンがすべてOUTPUTのモードになります

③自作の関数DispNo(int dn)はloop()から引数を受け取る。
dnは表示したい数字。
k+2は、2ピンから書き込むため。
dn=5で、k=0なら、2ピン
digitalWrite(0+2,SegAr[5][0]);でfor文が回ると「5」が表示

④このfor文は00～99まで回すため

⑤このfor文は何秒くらい今の表示を保持するかを決める。
ksが小さいとすぐ次の数に移り、速すぎて読めない。

⑥このルーチンは1桁目表示。
(9,0)で9ピンGndで表示。
同時に(10,1)10ピンはHIGHで表示されない。

⑦このルーチンは2桁目表示。
(9,1)で, 9ピン(1桁)は表示されない。
(10,0)で10ピン(2桁目)LOWで表示。

各ルーチンdelayeで5ms保持をとる。

同じ演習を別の方法でプログラムしてみました。

＜準備＞

①Arduinoの「DIGITAL端子」の「2ピン」に「7セグLED」の「a」をつなぎ、「3ピン」に「b」を、「4ピン」に「c」として、最後の「8ピン」を「g」につなぎます。

このつなぎ方を間違えると「7セグLED」が正しく表示されません。

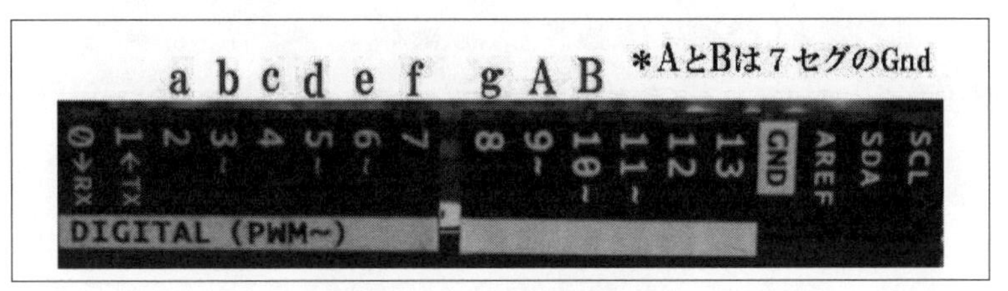

図11-18　Arduinoの端子

②次に図にあるように、たとえば「0」を表示したければ、「00111111」を2～8ピンに送れば正しく文字が表示されます。

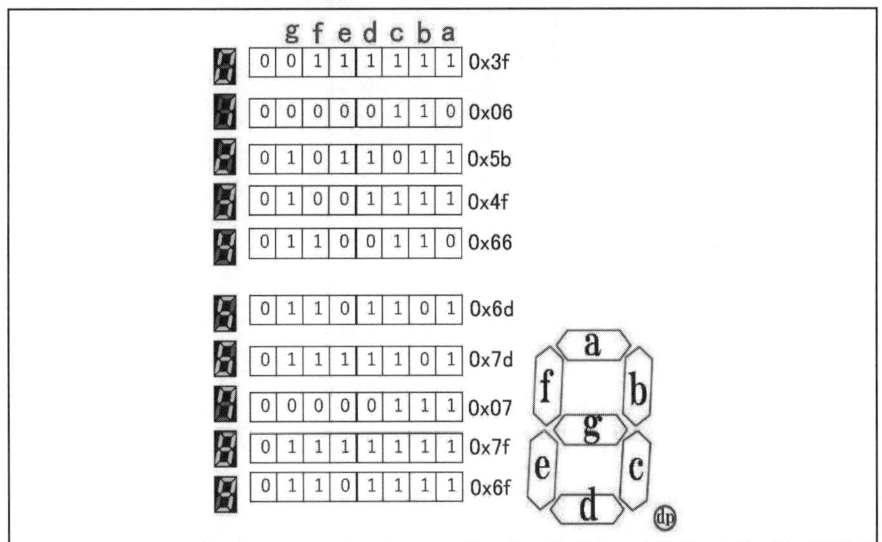

	g	f	e	d	c	b	a	
0	0	1	1	1	1	1	1	0x3f
0	0	0	0	0	1	1	0	0x06
0	1	0	1	1	0	1	1	0x5b
0	1	0	0	1	1	1	1	0x4f
0	1	1	0	0	1	1	0	0x66
0	1	1	0	1	1	0	1	0x6d
0	1	1	1	1	1	0	1	0x7d
0	0	0	0	0	1	1	1	0x07
0	1	1	1	1	1	1	1	0x7f
0	1	1	0	1	1	1	1	0x6f

図11-19　7セグ表

ここで、最上位の8桁目はどこにもつながっていませんが「0」を入れておきました。

表の「8ビット」の2進数を「16進数」で表記すると、表示0は「0x3f」となります。

上「4ビット」の「0011」は「16進数」では「3」で、下の「4ビット」の「1111」は「16進数」では「 f 」ですから、両方で「0x3f」となります。

(大文字、小文字は関係しません)

「0x」は以下の数が「16進数」で表記されることを表わしています。

＊

参考に、「2進」と「16進」の変換表を示します。

表の「8,4,2,1」は各桁の重みで、「1」の箇所を足すと「16進数」になります。

表11-1 「2進数」と「16進数」の変換表

16進数	2進数			
	8	4	2	1
0	0	0	0	0
1	0	0	0	1
2	0	0	1	0
3	0	0	1	1
4	0	1	0	0
5	0	1	0	1
6	0	1	1	0
7	0	1	1	1
8	1	0	0	0
9	1	0	0	1
A	1	0	1	0
B	1	0	1	1
C	1	1	0	0
D	1	1	0	1
E	1	1	1	0
F	1	1	1	1

③まず、この7セグ表とそのデータから、配列に入れておきましょう。

「配列名」を「SegAr」とします。

配列の各部屋には「8ビット」の情報が入るので、「char型」(8ビット)としましょう。

すると、このように「0～9」の数字がありますから、「配列の大きさ」は10となり、部屋の番号は、「0～9」の「10部屋」となります。

```
char SegAr[10] = {0x3f,0x06,0x5b,0x4f,0x66,0x6d,0x7d,0x07,0x7f,0x6f};
```

④次に、ここが重要ですが、「5」を表示したいと指示が出たとします。

すると、配列の「SegAr[5]」が呼び出されるので、その部屋の中身の「0x6d」、すなわち「01101101」の下から1ビットずつ順に「2ピン」「3ピン」と出力するのです。

⑤まず、最下位の「1」を出すには、「digitalWrite(2,SegAr[5] & 0x01);」とします。

()の中の2は「ピン番号」です。

次の「SegAr[5] & 0x01」は、「0x6d」と「0x01」の「&」(ビットのAND)を取れ！という命令です。

0x6d 0110 110|1| ・ANDはともに1のとき1となる、二つの数の小さいほうを採用とも言える
0x01 0000 000|1|
0000 000|1| ・黒枠のように右端だけチェック
ここのANDを取ると、結果1となり、「ピン2」に「1」を出力し「a」が点灯する

⑥次に、「digitalWrite(3,SegAr[5] & 0x02);」とすると、

0x6d 0110 11|0|1 ・ANDは、1&1なら1、0&1なら0、0&0なら0
0x02 0000 00|1|0 ・0x02なら黒枠の第2番目のみをチェックする
0000 00|0|0

第2番目のチェックで、結果0となる。

よって「ピン3」に「0」が出力され、「b」は消灯する。

この青枠を一つずつ左にズラして、ANDを取ることで、「7セグ」のすべての「LED」の点滅が決まる。

7セグLED2個使用0～99まで点灯

```
// LED7セグ配置
char SegAr[10] =
     {0x3f,0x06,0x5b,0x4f,0x66,
     0x6d,0x7d,0x07,0x7f,0x6f};

void setup(){
  for(int n=2; n<11; n++)
    pinMode(n,OUTPUT);
}
// 7セグ表示関数
void DispNo(int dn){
  digitalWrite(2,SegAr[dn] & 0x01);
  digitalWrite(3,SegAr[dn] & 0x02);
  digitalWrite(4,SegAr[dn] & 0x04);
  digitalWrite(5,SegAr[dn] & 0x08);
  digitalWrite(6,SegAr[dn] & 0x10);
  digitalWrite(7,SegAr[dn] & 0x20);
  digitalWrite(8,SegAr[dn] & 0x40);
}
void loop(){
  int tn, ks;
  for(tn=0; tn<100; tn++){
     for(ks=0; ks<100; ks++){
        DispNo(tn % 10);
        digitalWrite(9,0);
        digitalWrite(10,1);
        delay(5);

        DispNo(tn / 10);
        digitalWrite(9,1);
        digitalWrite(10,0);
        delay(5);
    }
    delay(20);
  }
}
```

①（LED7セグ配置〜setup）
②（7セグ表示関数 DispNo）
③（loop内の表示処理）

[プログラム解説]

①前ページで説明したとおり。ここでは、1行で書くと長くなるので、改行している。

重要なことは、ここのデータ0x7fなどが、出力ピン2〜8と合っていること。

表示がおかしいときは、ピン配置とデータの関係をチェックすること。

②7回似たことを書いている。dnは引数でどの数値を表示させるか決める。

dnが3なら、「digitalWrite(5,SegAr[3] & 0x08);」ですべてのセグメントa〜gまでが0か1かを&でチェックされる。

その結果が2〜8ピンに出力される。

下記のようにも書ける。

```
void DispNo(int dn){
 for(int k=0; k<7; k++)
   digitalWrite(k+2,SegAr[dn]& 0x01<<k);
}
```

0x01<<kは0x01をkビット左に移動できるシフト演算子を使っている。

1<<0は0x01、1<<1は0x02、1<<2は0x04、1<<3は0x08となる。

「&」と「<<」演算子では「<<」のほうが「&」より強い。

よって「A&B<<C」なら、「A&(B<<C)」と処理される。

③ここは、前のプログラムと同じです。

第12章

「タッチ・センサ」の活用と「割り込み処理」

「タッチ・センサ」について調べてみましょう。

これまで使ってきた「スイッチ」は「押す」とか、「引く」とかしないと、作用しません。

つまり、ある程度の力が必要でした。

しかし、「タッチ・センサ」は軽く触るだけで反応します。

あるいは、触らなくても、「近づく」だけで動作します。

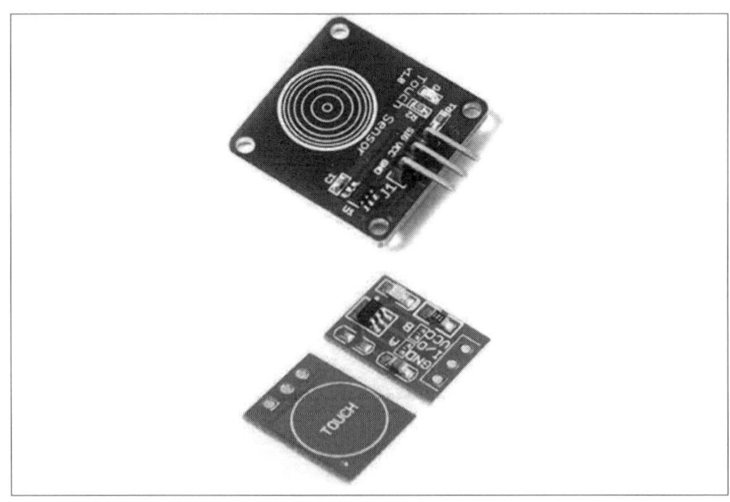

図12-1　「タッチ・センサ」の外観

12-1 「タッチ・センサ」の概要

この「センサ」は、主に、「コンデンサ」の原理である、「静電容量」を利用しているため、「静電容量センサ」とも呼ばれています。

「センサ」用の「電極」と、「GND」あるいは「人の手」などの間に発生する「静電容量」の変化を検知する、「非接触センサ」です。

「センサ用の電極」は「鉄」や「アルミ」や「銅」などの導電性の金属が使えるので、低価格かつ柔軟性に富んだ、応用範囲の広い優れものです。

＊

まず、**図12-2**のコンデンサの原理を見てみましょう。

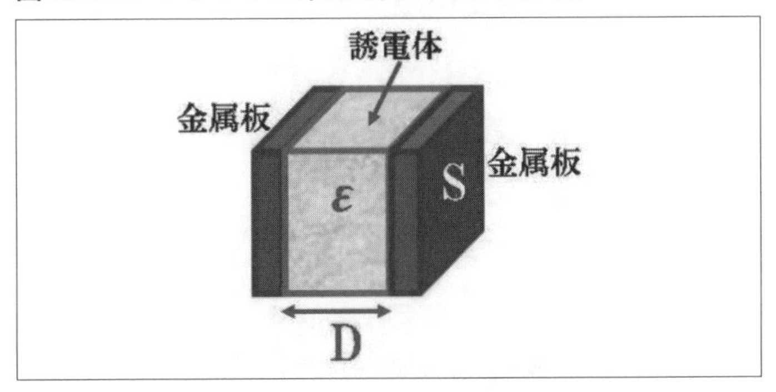

図12-2　コンデンサの仕組み

「静電容量C」ファラッド[F]」をもつ電極間に、「電圧Eボルト[V]」を印加すれば、「Q＝C×E」となって「電荷Q」(クーロン)が蓄積する電子部品を、「コンデンサ」と呼んでいます。

この「静電容量C」は、下記の式で表わされます。

「ε＝C·D/S」ですから、その単位は[F /m]となります。

$$C = \frac{\varepsilon \times S}{D}$$

C：静電容量
ε：誘電率
S:電極の面積
D:電極間距離

図12-3のように、「コンデンサ」の電極を大きくして、外部に向けて空中に電荷を放出します。

近くの「アース」になるようなものとの間で「場」が形成され、そこに「手」などの「誘電体」が近づくと「場」が乱れ、その結果、「静電容量」が変化します。

上記式の「電極距離」が変化したようになります(バリコンの羽根が動いたようなもの)。

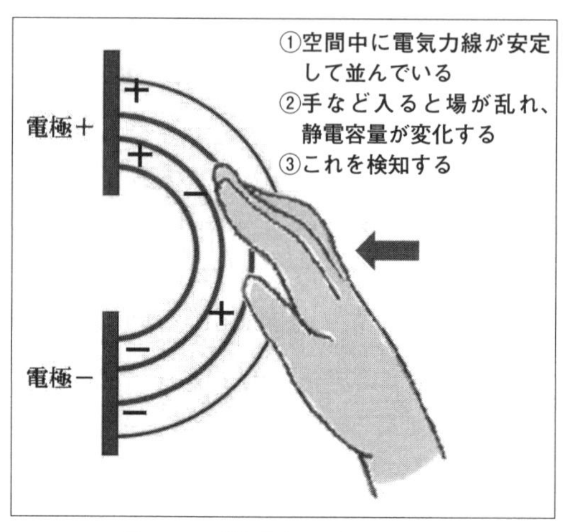

図12-3 「静電容量」変化の様子

図12-4「静電容量変化」の様子の「タッチ・センサ」には、非常に小さなICが搭載されています。

虫眼鏡で見ると、TTP223と品番が読めます。

ICは、2.90×2.85mmでピン間距離は0.95mmです。

ネットで検索すると、「1 Key Touch Pad Detector IC」と書いてあり、スペックが得られます。

また、簡単な回路例も示してあります。

ICを購入すると「タッチ・センサ」を自作できそうですが、ICを取り付ける基板(SOT-23-6L)との半田づけに、先の細いコテを使うなど、かなりの技術が必要です。

ピンの「1番」は、黒い棒状の凹みが決め手です。

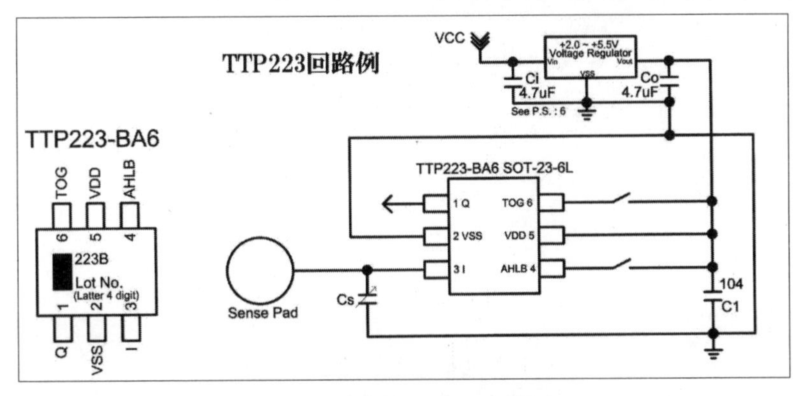

図12-4 TTP223のICと回路例

この「**TTP223-BA6**」の主な要点を以下にまとめます。

(1) 動作電圧は2.0～5.5V、電源は安定している必要があります。

電源電圧が急激にドリフトまたはシフトした場合は、感度異常または誤検出します。

(2) PCB（プリント基板）の「パネル・カバー」の材料は、「金属」または「電気的な要素」を含むことができません。

表面の絵具も同じく使えません。

(3) 「低電力モード」での「動作電流」は「標準1.5μA」「最大3.0μA」（VDD、無負荷）

(4) 「低電力モード」での応答時間は最大で220mS（VDD3V）

(5) 「感度」は、「外付けのコンデンサCs」（0～50pF）で調整可能。

「Cs」は小さくすると感度が敏感になる。

(6) 「電源投入後約0.5秒」の「安定期間」を要し、その間キーパッドに触れないこと。

(7) 「通常状態」では、「モジュール」は「ローパワー消費モード」で節電になります。

「指」が対応する位置に触れると、「モジュール出力」が「ハイ」になります。

12秒間触れないと、「ローパワー・モード」に切り替わります。

(8) この「**TTP223**」の出力は、電流を「外部に出す」ときで「4mA」、「吸い込み」で「8mA」です。

「LED照明」や他のパーツを稼働させるときには、「ドライブ用のトランジスタ」や「FET」が必要。

(9) 電源投入時には「AHLB端子」は「0」に、「TOG端子」は「0」に設定されています。

「AHLB=0」かつ「TOG=0」ということは、機能表の「①」で、「ダイレクト・モード」(センサに「タッチする」「しない」の2通り出力に反映される)で、1ピンの「Q」にはタッチで「H電圧」が出力されます(「active high output」ということです)。

このときの「Q」からの出力電流「IOH」は(VDD=3V、VOH=2.4Vで)「－4mA」です(「マイナス表示」は、電流がICから出ていくの意味)。

なぜ、「AHLB」も「TOG」も開放で「0」かというと、内部でともに「PULL－LOW」とコメントがあるからです。

表12-1 機能表

	TOG	AHLB	Pad Q option features
①	0	0	Direct mode, CMOS active high output
②	0	1	Direct mode, CMOS active low output
③	1	0	Toggle mode, Power on state=0
④	1	0	Toggle mode, Power on state=1

表の「②」は「①」の反対で、タッチしている間は、「L電圧」が出力されます(active low output)。

なお、このときの「吸い込み電流」(「シンク電流」は、「IOL」(VDD=3V、VOL=0.6V)は「8mA」です。

このモードにするためには、4ピンのAHLB端子をプルアップします。

表の「③」は、「TOG=1」「AHLB=0」です。

「TOG」が「1」のため「トグル・モード」となり、タッチするたびに「ON/OFF」が変わります(つまり、その状態を持続できる)。

ただし、「AHLB＝0」なので、初期値は「Q＝0」からスタートします。

「L→H→L→H…」です。

「TOG端子」は「プルアップ」が必要です。

表の「④」は、「TOG=1」「AHLB=1」で、「TOG」が「1」のため「トグル・モード」です。

しかし、「AHLB=1」なので、「Q=1」からスタートします。
「H→L→H→L…」です。
ともに「プルアップ」します。
図12-4の応用回路にあるように、「AHLB」と「TOG」にスイッチを付けて「VDD」につなぐと、これら4つのパターンが楽しめると思います。

[演習1]

図1のHiLetgo社の**TTP223B**「デジタル・タッチ・センサ」を使って、タッチすると、「LED」が点灯するように、プログラムしてみましょう。
また、この回路を簡単に調べてみましょう。

図12-5に、この「タッチ・センサ」の「部品面」と「裏面」を示します。

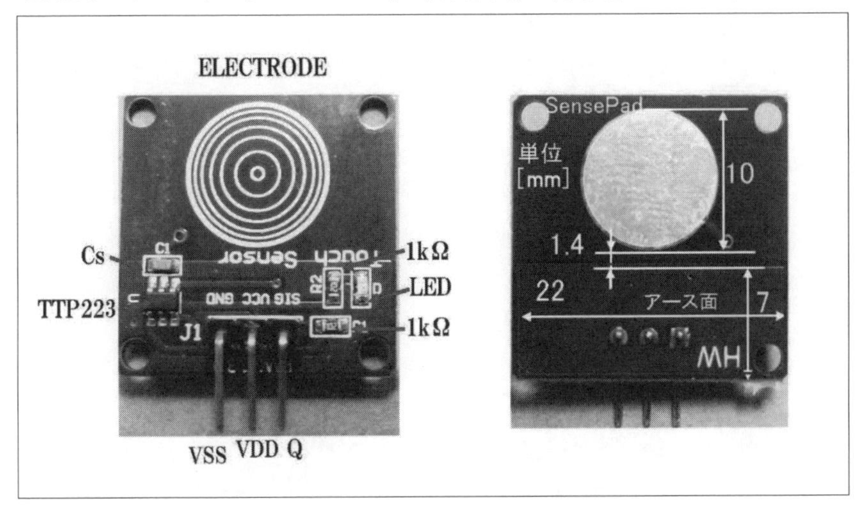

図12-5 センサの部品面と裏面

「部品面」には、「コンデンサCs」「IC」(**TTP223**)、「抵抗R1、R2」(ともに1kΩ)、「LED」、他に、端子「SIG」(信号)、「VDD」(+電圧)「VSS」(GND)「センサ盤」です。

「裏面」に円板型の「センサパッド」(直径10mm)と「GND板」(22×7mm)などの寸法を示しました。
円板の面積は「S1=78.5mm^2」です。

また、「アース面」は$22 \times 7 = 154mm^2$です。
約2倍近く「アース面」のほうが大きいことが分かります。

部品面にも裏のアース面と同じ領域内に回路が組み込まれています。
この「部品面」のアース部分(GND部分)の面積は、「裏面」の$154mm^2$には及びませんが、その半分くらいはあると思います。
したがって、「電気力線」は円板の下半分を主体に、その下のアース面に放射状に力線が分布しているはずです。

＊

私見ですが、「部品面」に同心状の円が描かれているのは、指をその方へ移行させるためで、「裏面」も「アース面」を目立たないようにし、「銅箔」の上に「半田層」を付けて(銅箔なら錆びる)直に面を触らせ、「アース面」をタッチさせないように仕向けているように思えます。
実際にプログラムして動作させてみると、「アース面」を触っても反応がありません。

回路をルーペでいろいろな角度から観察して、また資料を参考にして、下記のように回路を推測してみました(完全に正しく書き取ったとは言い切れません)。

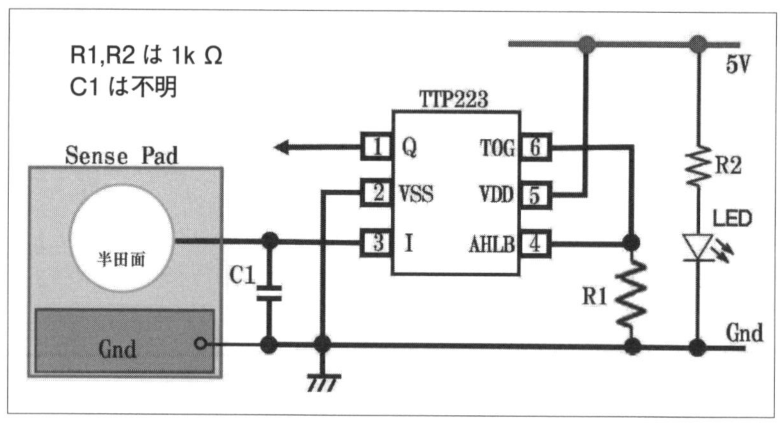

図12-6　タッチ・センサ回路図

ICは電源の「＋」と「－」、モード切り替えに「TOG」と「AHLB」「センサPad接続」の「I」、「信号出力」の「Q」の6端子です。

電源を入れると、小さいLEDが点灯します。

感度調整とかモード切替ができないように基板が出来上がっています。

コンデンサ「C1」の値は読めませんが、資料から0＜C1<50pfの範囲にあると思います。

ノイズ対策だと思いますが、5ピンの「VDD端子」と2ピンの「VSS端子」の間にコンデンサ「104pF」を入れることが資料に記してあります。しかし、このボードには入っていません。

4ピンの「AHLB端子」と6ピンの「TOG端子」がパターンでつながっており、しかも「抵抗1kΩ」でGNDにプルダウンしています。

先の機能表から表の①項に相当し、このままなら電源を入れて触ると「ダイレクト・モード」になり、手で触ると出力が「H」になって、手を放すと出力が「L」になります。

これ以外のモードは選べないようになっています。

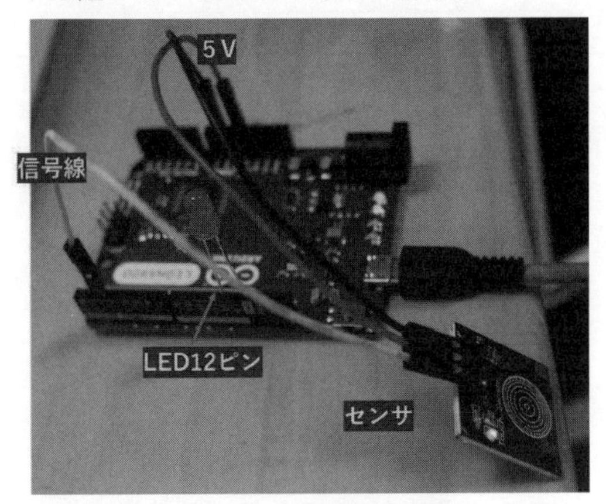

図12-7 タッチ・センサ実験

■「タッチ・センサ」動作確認のためのプログラム

この「タッチ・センサ」にあるのは、「電源+」と「GND」、「信号出力」のみです。

信号は「H」か「L」しかないのでプログラムは簡単です。

センサの信号は「DIGITAL端子」の「2ピン」に入れました。

また、「12ピン」に「LED」を入れました。

タッチすれば点灯させるためです。

```
//touch Sesor Direct Mode
const int SenPin = 2;          //タッチ・センサを2番ピンに固定する
const int LedPin = 12;        // LEDを12ピンに固定(const)する

void setup() {
  pinMode(SenPin,INPUT);         //タッチ・センサの2ピン入力
  pinMode(LedPin,OUTPUT);       //LEDの12ピンを出力
}

void loop(){
  int SigQ = digitalRead(SenPin);     //SigQをint型にする. そして
                                      //2ピンの状態を1か0か調べる
  if(SigQ == 1)                     //if(もし, SigQが1なら)
    digitalWrite(LedPin,HIGH);       //12ピンにHIGH, 点灯する
  else                             //elseそうでなく, SigQが0なら
    digitalWrite(LedPin,LOW);        //12ピンにLOW, 消灯する
}
```

[演習2]

「4ピン」(AHLB端子)に**図12-8**のようにリード線を半田付けします。

そして、この「4ピン」を「5V」に上げてみましょう(隣の「5ピン」は「VDD」です)

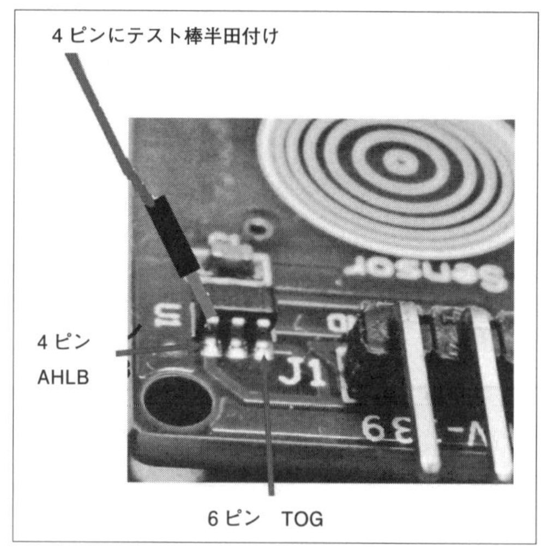

図12-8　AHLB端子加工

「4ピン」と「6ピン」は互いにつながっており、プルダウンされていますから、機能表の①の「ダイレクト・モード」です。

しかし、「4ピン」をプルアップしたので、「6ピン」もともに「+5V」にプルアップされたことになり、機能表の④になりました。(「AHLB=TOG=H」なので)

これは「トグルモード」で、しかも「AHLB」が「1」ですから最初から「LED」が点灯しています(ここで、電源投入するためには、一度「Arduino」とPCの間のUSBコネクタを抜いて、再度差し込む必要があります)

[演習3]

続いて**図12-9**のように「4ピン」と「6ピン」の間のパターンの一部をカッターで切断し、互いに独立させましょう。

そして、「4ピン」と「6ピン」にそれぞれ「リード線」を半田付けして、こんどは機能表の4通りのモードを確かめてみましょう。

なお、機能表の①を確かめる場合は、リード線をどこにもつなげず開放でも構いません(この切り方では、4ピンはプルダウン抵抗につながっている)。

図12-10　TOGとAHLB端子開放

確認のときの注意事項は、モードを変えたら、必ず一度「USBコネクタ」を外し、Arduinoの「+5V」を「OFF」にしないと、リセットされないということです。

再び電源がつながると、「表」の機能のとおりに作動すると思います。

[演習4]

この「タッチ・センサ」を使って、「割り込み処理」をしてみましょう。

2つのLEDを使います。

1つは、スタートと同時に点滅しているLEDで、もう1つは最初点灯していません。

タッチ・センサを8回タッチすると、初めて点灯します。

このタッチ・センサを使ったのは、チャタリングもなく、スイッチとしても使いやすくて便利だからです。

■「割り込み処理」とは

図12-11を見てください。

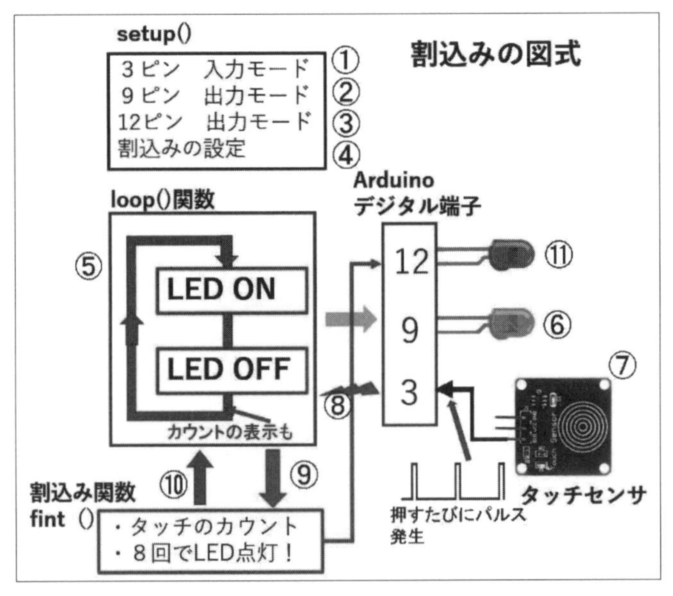

図12-11　割り込み関係の図式

演習4の「割り込み」の図を見てください。

まず、「setup()」の部分では、「タッチ・センサ」の割り当てピンを①の「3ピン」にしました。

(これには訳があるので、後ほど述べます)。

「タッチ・センサ」を押すと「パルス」が発生します。
これを受け取るので、「入力モード」です。

LEDが2つあり、②の「9ピン」には「緑色」を、③の「12ピン」には「赤色LED」を割り当てました。
ともに「出力モード」です。

*

次に「割り込み」の設定④をします。
つまり、「割り込みが発生したときにどの関数に飛ぶのか」とか、「割り込みが複数あるときの、割り込み番号と、ピンの割り当て方」とか、「入力パルスのどのタイミングで割り込みとするのか」とかを決めておきます。

*

次に「メイン・ルーチン」ですが、⑤の「loop()」内で⑥の「緑色」のLEDが点滅を繰り返すようにしてあります。

ここで、「割り込み」が発生しなければ、この状態を永久に繰り返し、何の変化も見られません。

*

あるとき、⑦のタッチ・センサを1回だけ押したとします。
図のように「Lレベル」であった電圧が急に「Hレベル」に引き上げられます。
これが⑧の3ピンの端子からArduinoの内部に入り込み、④の設定に従って、現在の⑤の処理を停止、⑨の割り込み関数fint()に飛びます。
ここでは、タッチ・センサを押した数を更新し、「8回」になれば⑪の「赤色LED」を点灯します。

*

では、「割り込み処理を使わなければどうなるか」を見てみましょう。
⑤の「メイン・ルーチン」の中に、「3ピンのタッチ・センサをチェックする」→「もし、状態が異なっていればカウントし、8回より少ないかチェックする」→「何もなければLED点滅のルーチンに戻る」となります。

*

こうすると、LEDがONの後にしばらくLEDを点灯しておかなければならないので、時間稼ぎを「for文」などでします。
これが、LEDがOFFの場合も必要です。

この時間稼ぎをしているときにセンサからの情報がきても「3ピン」をチェックしていないので「見過ごす」可能性が大です。

したがって通常のルーチンに入力状態のチェックを入れると、外部から来た重要な情報を見逃すことが起こります。

たとえば、「その瞬間に見なくてもハードウェアで「L」から「H」にレベルを上げて保持しておく」という手があります。

これでよいという例もあります。

少し遅れて「Hレベル」を確認し、サブルーチンに飛ばして処理を終わり、元の「Lレベル」に落としておくのです。

「割り込みプログラム」で重要な点は、「タッチ・センサ」を「3ピン」につなぎましたが、この後に「value = digitalRead(3)；」として、センサの状態をソフトで調べにいく必要はありません。

「ピン3」の状態が「L」から「H」に変われば、「割り込み関数」にいくように設定されているので、これをすると、「割り込み作業」ではなくなります。

Arduinoの取説には、「attachInterrupt ()」という関数があり、外部割り込みが発生したときに実行する関数を指定できます。

すでに指定されていた関数は置き換えられます。

呼び出せる関数は「引数」と「戻り値」が不要なものだけです。

ピンの割り当てはボードによって異なります。

UnoとLeonardoで有効な割り込み番号(int.0~)と、それに対応するピン番号は下記のとおりです。

```
Uno: pin2(int.0) pin3(int.1)
Leonardo: pin3(int.0) pin2(int.1) pin0(int.2) pin1(int.3) pin7(int.4)
```

attachInterrupt(interrupt, function, mode)

interrupt: 割り込み番号

function: 割り込み発生時に呼び出す関数

mode: 割り込みを発生させるトリガ(4種類)

- LOW ピンがLOWのとき発生
- CHANGE ピンの状態が変化したときに発生

・RISING ピンの状態がLOWからHIGHに変わったときに発生
・FALLING ピンの状態がHIGHからLOWに変わったときに発生

戻り値はありません。

*

「attachInterrupt」で指定した関数の中では次の点に気をつけてください。

・delay関数は機能しません
・millis関数(プログラム実行から経過時間を返す)の戻り値は増加しません
・シリアル通信により受信したデータは、失われる可能性があります
・割り当てた関数の中で値が変化する変数にはvolatileをつけて宣言すべきです

attachInterruptの使い方:

attachInterrupt(0, fint, RISING)は、

第1引数は、0なのでint.0。よってピン2にセンサなどをつなぐ
第2引数は、「fint」なので、割り込みが発生すると「fint()」という名の関数に飛ぶ
第3引数は、「RISING」なので、Lから立ち上がり時に割り込み発生する

以下、プログラム例を見てみましょう。

touch sensor interruptC

```
const int SenPin = 3;  //タッチ・センサの信号線が3ピンに繋がる
const int GrePin = 9;  //ここでは緑色LEDに繋げている。loop()内で点滅
const int RedPin = 12;   //割り込み関数内で8回割り込みが掛かると赤色LED
                    //点灯

nt k;
volatile int j = 0;     //jは何回割込み関数に行ったかカウントする
void setup() {       //よってvolatileを付けた. 初期値j =0である
  pinMode(SenPin,INPUT);  //SenPin(3ピン), LEONALDOではint.0の割り込
      //み
  pinMode(GrePin,OUTPUT);        //GenPinは緑色LEDで, 出力モード
  pinMode(RedPin,OUTPUT);        //RedPinは赤色LEDで, 出力モード
  attachInterrupt(0, fint, RISING);  //UNOなら0を選ぶと2ピンにセンサを
                   //接続
}

void loop() {
  for(k=0; k < 8000; k++)     //8000回すぐ下の緑色LEDを点灯しながら回る
    digitalWrite(GrePin,HIGH);  //ここを空文;にすると速すぎてLEDの点滅が
```

```
                //見えない

  for(k=0; k < 10000; k++)  //今度は10000回緑色LEDをOFFにしながら回る
    digitalWrite(GrePin,LOW);  //1文なので，{}を省略した。上も同じく
  Serial.println(j);              //for文を抜けるとj(カウンタ回数)を表示
}                        //jをloop()内に入れるとfint()内でのjのカウントを
                         //loop()内で見ることはできない
void fint() {                              //割り込み関数()自作の関数名である
  j++;                                  //ここに来るとjの値が1ずつ増える
  if(j < 8)                                //もし，jが8より小さいなら
    digitalWrite(RedPin,LOW);              //赤色LEDはOFFに
  else                                  //そうでないなら
    digitalWrite(RedPin,HIGH);             //赤色LEDを点灯する.
}
```

図12-12に「タッチ・センサ」のカウント数が表示されています。
8になった瞬間、赤色のLEDが点灯します。
確認してください。

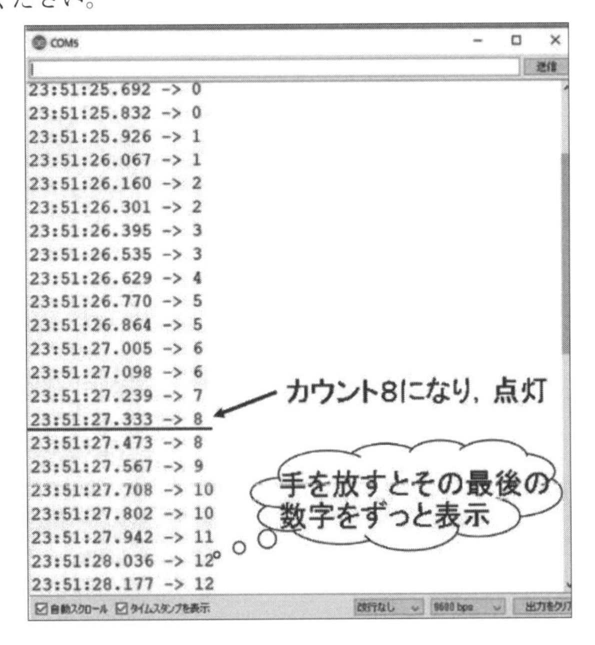

図12-12　割り込み表示

また、「タッチ・センサ」の「AHLB」を「H」にすれば、機能表のモード②になります。

このとき、「attachInterrupt」の「第3引数」の「RISING」を「FALLING」に書き換えると、「H」から「L」になるときに、割り込みが発生します。

そこでタッチしてそのままくしばらくして手を放すと、このとき割り込みが発生し、カウンタの表示を見ていると、そこで数がカウントアップします。

■「感度アップ」の実験

この「タッチ・センサ」は「裏面の電極」が「半田面」なので、ここに**図12-13**のように「リード線」を半田付けし、アルミホイルをその先にテープで付けて感度の実験をしてみました。

その様子が**図12-14**です。

感度が格段に上がり、アルミホイルの前でも後ろでも約7cmで反応しました。

何もしないときには4～5mmでした。

さらに、アース面（ArduinoのGND）も、**図12-15**のように手が入るほうに置くと、さらに感度はアップしました。

（多分「＋面」から手を通じて「アース面」へと流れがスムーズになるからと思われる）

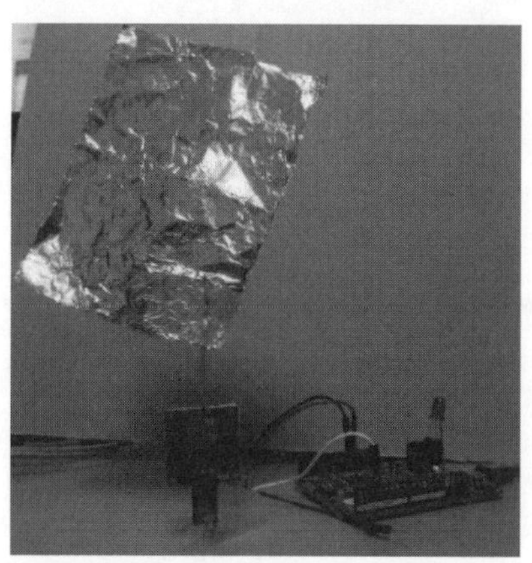

図12-13 「タッチ・センサ」拡張アンテナ

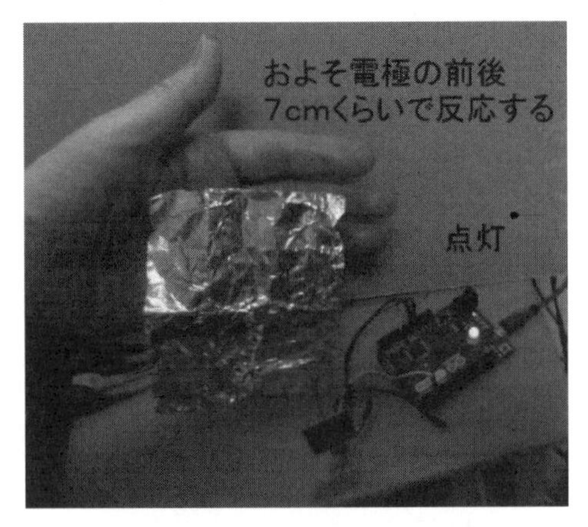

図12-14 「タッチ・センサ」反応距離

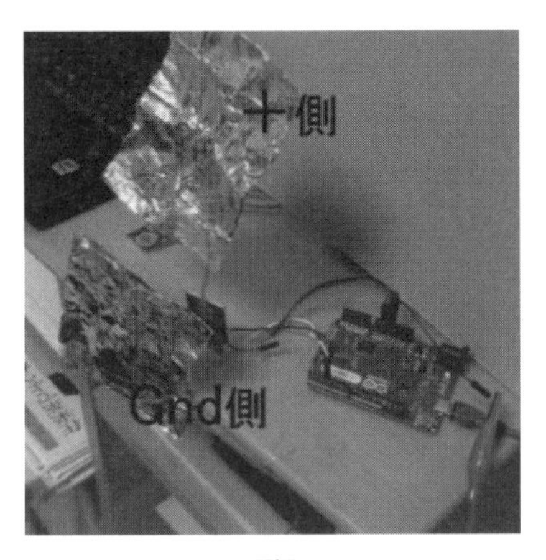

図12-15 両極アンテナに

■「ガラス容器の水位」を検出する実験

「タッチ・センサ」を**図12-16**のように容器外側に貼るだけでは不安定です。
そこで、**図12-17**のようにアース側の電極をアルミホイルで補強しました。

側電極を貼る上で重要なことは、**図12-17**に示すように「アース側電極」の「アルミホイル」は**「センサのコネクタ側」の近くにせず**（この裏にアース側の電極あり）、円板のすぐ下に貼ることです。

アース側に同じ電極を貼っても効果が少ないからです（また、実際に部品があり、ショートの恐れあり)。

すると、**図12-18**のように水道水でも安定して上手くいきましたが、写真では分かりにくいので、「お茶」を使いました。

図12-16　水位の検査実験

図12-17　拡張電極を貼る位置

図12-18　水位の検査成功例

第13章

「焦電型 赤外線センサ」について

夜中に静かな住宅街を通るとき、不意に玄関の照明が点灯するときがあります。

人が近寄るとそれに反応するセンサによるものです。

これについて見てみます。

ここでは、5個セットで900円くらいのセンサを見つけたので、これを利用して、原理を理解したうえでプログラミングしましょう。

13-1 「焦電型の赤外線センサ」のこと

図13-1を見てください。

「チタン酸ジルコン酸鉛」(PZT)などの「強誘電体」が「赤外線」を受けると、その「熱エネルギー」を吸収して「自発分極」という電荷(⊕や⊖の粒子)が変化します。

その変化量に比例して、表面に電荷が励起され、電流が流れます。

この現象を「**焦電(しょうでん)効果**」と呼んでいます。

この「焦電素子」は「光」を単に「熱源」として用いていて素子自体の波長依存性が低いので、外部に用意したフィルタによって、必要な波長を選ぶことができます。

また、安価にもかかわらず「焦電型赤外線センサ」は人体などから発せられるわずかな赤外線を鋭く検知できます。

＊

「人体」も「赤外線」を放出しています。

「サーモグラフィ」では、「人体」の「表面」の「赤外線」の放射量を画像として表わしています。

「人体」の生きた皮膚が放射している「赤外線」の波長は「3～50μm」ですが、この中で「8～14μm」の波長の「赤外線」(遠赤外線)は、「人体」が放射する全放射エネルギーの「約45%」を占めています。

たとえば、日本セラミック(株)の「SDA02-54」という品番の「焦電型赤外線センサ」を見ると、「応答波長範囲」として「7～14μm」とあり、信号出力は「3200mV」あります。

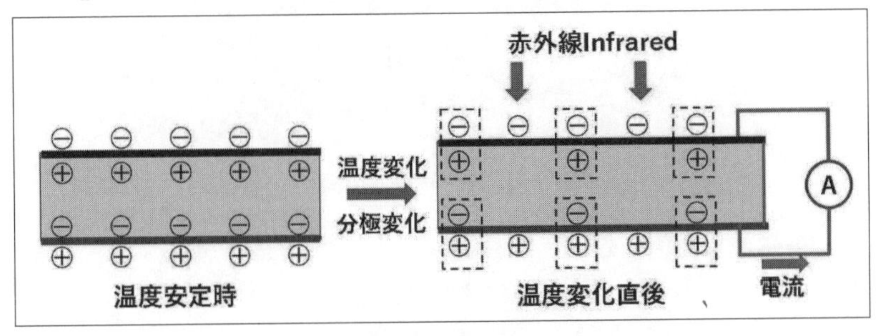

図13-1 焦電効果

ここで取り上げる「焦電型赤外線センサ」は、図13-2のようなHC-SR501「人体赤外線感応モジュール」と呼ばれているもの。

「横32×縦24×高さ25mm」で、ドーム状のカバーで覆ってあります。

図13-2 焦電センサ

おそらく周辺の人体から発する熱（赤外線）をこの中にあるセンサに取り込むための方策だと思われます。

しかも、よく見ると、六角形やら五角形の形が見て取れます。

そこで、このドームを外せないものか調べてみると、単に接着もなく、足4本で基板に嵌めてあるだけです。

図13-3に示すように基板中央に「焦電型のセンサ」が1つあり、中央の切り欠いた窓の中に「センサ素子」があるようです。

図13-3　ドームを外した様子

また、裏側から乳白色のドームを見ると、すそは六角形や五角形ですが、どれも盛り上がって小さなレンズを構成しているようです。

そこで、どのくらいドーム効果があるか調べるために、紙の内側を黒く塗りつぶして丸め、直径が2cmに高さが2.5cmくらいの筒を作りました。

これにドームを被せて、少し暗い所で下から覗いてドーム内側を見ると、周辺から光を集めてドーム自身が“ボーッ”と明るいことが分かりました。

ドームを外すと暗くなります。

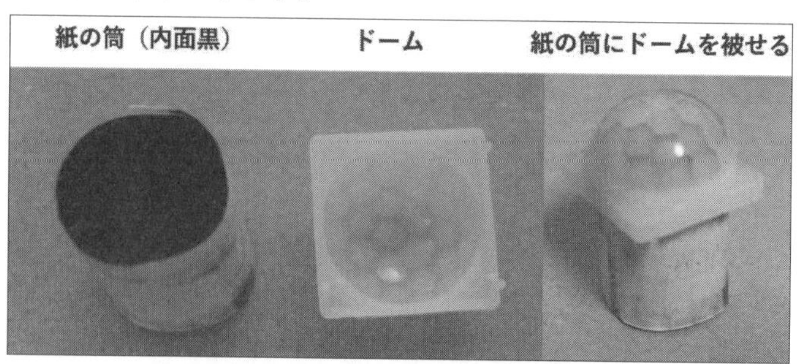

図13-4　ドームを調べるために

また、ドームが出っ張りすぎて目立つときは、**図13-5**のように「フレネル・レンズ・タイプ」のものもあります。

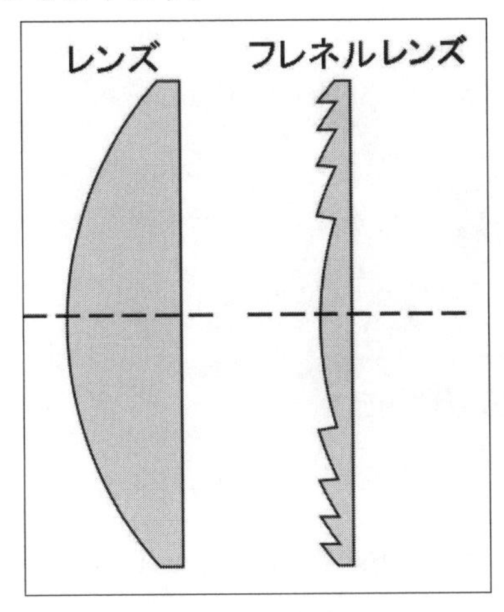

図13-5　フレネルレンズ

いずれにせよ、ドームを除けてみて分かりましたが、「焦電赤外素子」は「側面」からは「赤外光」が入りにくいので、その前面にある「集光用」の「ドーム」や「フレーム」は重要です。

この「センサ・モジュール」はマニュアルもなく現物だけを送ってきましたので、ネットで「Arduino HC-SR501 Motion Sensor Tutorial」をダウンロードしました。

以下、簡単に要約を書いておきます。

---

①このモジュールは、「焦電型赤外素子LHI778」と「焦電型赤外センサ」を制御するためのBISS0001というICを使っています。

②「感度調整」や「時間調整」用の「半固定可変抵抗器」(VR)が2つあります。

「黄色」のジャンパーピンに近い側の「A」の「VR」は、「検知できる距離」の「調整用」です。

時計方向(Clockwise；右回り)に回せば感度は増加します。

いちばん右に回し切ったところで「7m」程度です。

図13-6　トリガ切換

逆に、「A」の「VR」を「反時計方向」（Counter - Clockwise; 左回り）に回せば、感度は減少して、最小で「3m」くらいです。

なお、検知できる領域は図13-7に示すように、「ドーム中央の垂直線から110度に広がった円錐」の中です。

（このマニュアルもそうですが、感度のトリマーの増減と距離の関係が誤って記載されている資料があります。各自確認をお願いします）

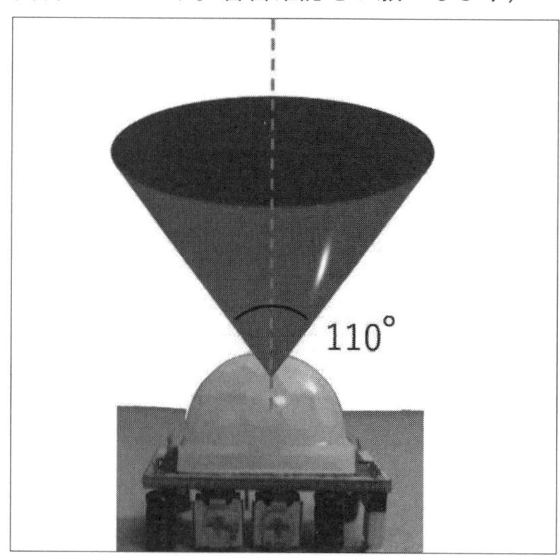

図13-7　検知可能な範囲

③次に、「B」の「半固定 可変抵抗器」は、「熱源」を検知して、「出力OUT」が「ON」になっている時間の調整用です。

(たとえば、この時間ベルを鳴らす、など)

「時計方向」(Clockwise;右回り)に回せば、「ON時間」は「長く」なり、「最大時間」はおよそ「5分」です。

逆に、「反時計方向」(Counter – Clockwise;左回り)にすれば、最小で3秒程度です。

図13-8 センサ調整用VR説明

④外部につながる「コネクタ端子」は3つあります。

「V_{CC}」は電源で、このモジュールには「3端子レギュレータ」が内蔵されているので、動作電圧範囲は4.5V〜20Vと広範囲です。

「OUT」は「検知信号の出力」ですが、動きがなく検知されないときは「LOW信号」が出ます。

動きが検知されたときは「Hレベル」として「3.3V」です。
後は「GND」です。

⑤もう一つ重要な切り換えがあります。
図13-9の「トリガ切り換えピン」を見てください。
この状態では3本のピンの中で中央と端のピンLが繋がっています。
この場合を「Single Trigger Mode」と記してあります。
もし、中央と反対側の「H」とつながっていれば「Repeatable Trigger Mode」です。

図13-9 HLトリガ

「シングル・トリガ・モード」では、「熱源」(人など)が検知される(トリガがかかる)と、直ちに「出力OUT」は「H」になります。
それと同時に、この「Hレベル」を保持する「時間タイマーTX」が働きます。
「TX」は図13-8のBで決めた時間です。

「保持時間TX」が終了すると、直ちに「出力OUT」は「L」になります。
それから「ある決められた時間TS」に入ります。
この期間は「検知処理」は禁止となり、「熱源の動き」に反応しません。
「TS」を過ぎると、再び「検知可能なモード」に戻ります。

一方、「リピータブル・トリガ・モード」では、初めて熱源を検知するとOUT

は「H」になり、同時に「タイマーTX」が働きはじめます。

ここで、まだ「TX時間中」なのに新たに「熱源」を検知すると、「TX処理時間中」にもかかわらず、ここから「TX」が始まります。

つまり、時間が延長したことになります。

「TX」を「5秒」に設定していて「3秒」使い、「残り2秒」になったところで、新たに検知すると、2秒がダブりますから「OUT」が「L」になる時間は、「3秒延長」して、「トータル3＋5＝8秒」までとなります。

＊

つまり、「シングル・モード」は、一度に1回しか打てない「鉄砲」のようなものです。

1回発射すると、「筒の掃除」をし、「弾を込め」なければなりません。

1回打つと、獲物が来ても連射できない、1回切りのタイプです。

「リピータブル・モード」では、最初のトリガが掛かると「TX時間」内に「熱源」がくれば延長するので、いくらでも続く可能性があります。

マンションなどで自家用車を敷地から出すとき、「リモコン」を操作すると、チェーンが下がって出庫可能になりますが、敷地から出る寸前に間に合わないと思ったら、再度キーを押すと「リトリガ・モード」になっているので、そこから決められた時間延長するようになっています。

「リピータブル・モード」というのは、一般に「リトリガブル・モード」とも言います。

＊

⑥もう一度、2つの「トリガ・モード」の違いを「タイミング・チャート」で見ておきましょう。

「熱源」を捉えたら、図13-10のように「検知パルス」が発生します。

「＋」「－」に振っているのは、「素子」が2つ「逆向き」に入っているためだと思います。

まず、「シングル・モード」です。

最初、①を捉えました。

このとき、「A」のように「ONタイム」が「保持時間TXぶん」持続します。

この最中に「②」が発生しましたが、単一動作のため、無視です。
(再起動されない)

ちょっとして「TX時間タイムアウト」となり「Lレベル」に下がります。

すぐに「検知遮断TSタイム」になって、ここも「Lレベル」です。

「TSタイム」は終わりましたが、「パルス」が来ないので、「パルス」を待ちます。

やがて「③」により「B」の「ONタイム」が始まります。

④のときも同じです。

＊

次に「リピーティング・モード」の場合です。

まず、「検知パルス①」が発生しました。

「D」のように「ONタイム」となります。

「保持時間TX」の終了前で「②」が発生しました。

この位置⑤から「再トリガ」で「TX時間」を延長します。

この「TX」が終わる少し前に「③」が発生しました。

そこで、「再トリガ」は「⑥」から(または③から)「TXぶん」延長します。

つまり、「B」が終わるのと「F」が終わるのが同時刻になる、ということです。

次に「④」は「X4」が終わってずっと後ですから、ここも、「C」と「G」は同じタイミングになります。

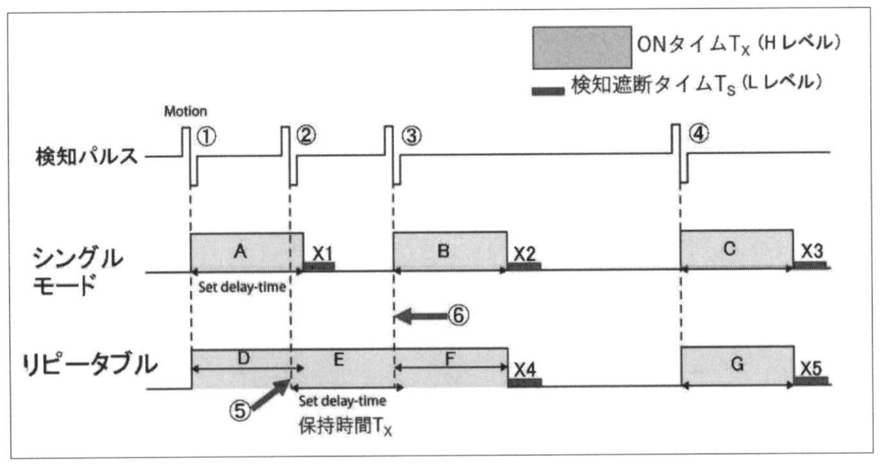

図13-10 タイミングチャート

[演習1]

実際にこのセンサをArduinoにつないで、特に「トリガ・モード」について確認してみましょう。

<準備>

「焦電型赤外センサ」は、3つの「端子」(「V_{CC}」「OUT」「GND」)しかありません。

しかも、「信号出力」は「H」か「L」レベルの2値だけですから、簡単な接続で済みます。

また、検知したという確認のためには、「LED」が1つあればいいですから、組み立やすいです。

3本のリード線は「ブレッドボード用ジャンパーワイヤ」(「オス」－「メス」)を使えば、さらに簡単になります。

LEDも抵抗内蔵タイプを使いました。

図13-11に組み立ての写真を示します。

図13-11　焦電型センサ実験回路

[演習1]プログラム

```
//ArduinoとHC-SR501 Motion Sensor
int LedPin = 13;        // 赤LEDを13ピンに
int pirPin = 7;         // HC-S501のOUTを7ピンに
int Det;                // OUTの信号がHかLか. Hは検出した

void setup() {
  pinMode(LedPin, OUTPUT);      //13ピンを出力モードに
  pinMode(pirPin, INPUT);       //7ピンを入力モードに
  digitalWrite(LedPin, LOW);        //初期値として13ピンをLに
}

void loop() {
  Det = digitalRead(pirPin);        //7ピンの情報(HかLか)読む
  digitalWrite(LedPin, Det);        //Hなら点灯, Lなら消灯
}
```

プログラムを実行して、2つの「VR」の「感度」や「遅延時間」などを確認してください。

ついで「シングル・モード」と「リピーティング・モード」の違いを確かめてください。

私の「リピーティング・モード」での確認では、「VR」の時間を最小の「3秒」に設定し、「センサ」から至近距離で手を振りかざしたり、近づけたり離したりしましたが、これを「ONの状態」のまま「15秒間」でも続けるのは非常に難しいと感じました。

マニュアルにも、「熱源が静止していれば検知しない」と書いてあります。

＊

いろいろ試行錯誤の末に、**図13-12**の方法が有用であることが分かりました。(これで、手が疲れなければ「60秒」は延長できます)。

まず、図の「**A**」のように「「手のひら」を左右重ねて、互いに同じ方向にグルグル回します。

このとき両指とも開いていて網目のように、隙間があることが大切です。

これを同図「**B**」のようにセンサの下7～8cmのところにかざして、割と速く回転させます。

「片手」だけでは上手くいきません。

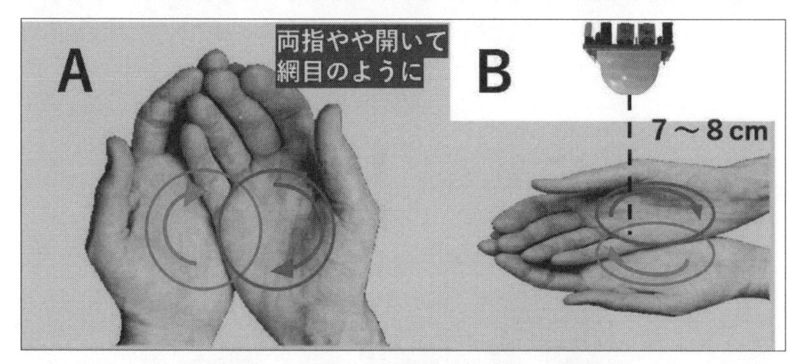

図13-12　ONタイムを保持する手のひらの動き

＊

そこで、これには「焦電型赤外線センサ」のことを調べなければと思いました。

まず、このモジュールのセンサを調べようとしましたが、中国製らしく、細かい資料を見つけられませんでした。

そこで、村田製作所の「焦電型赤外線センサ」＜IRA-S200ST01A01>の資料を開くと、**図13-13**のように「光学フィルタ」の下に、「焦電素子」が2つ入っています。

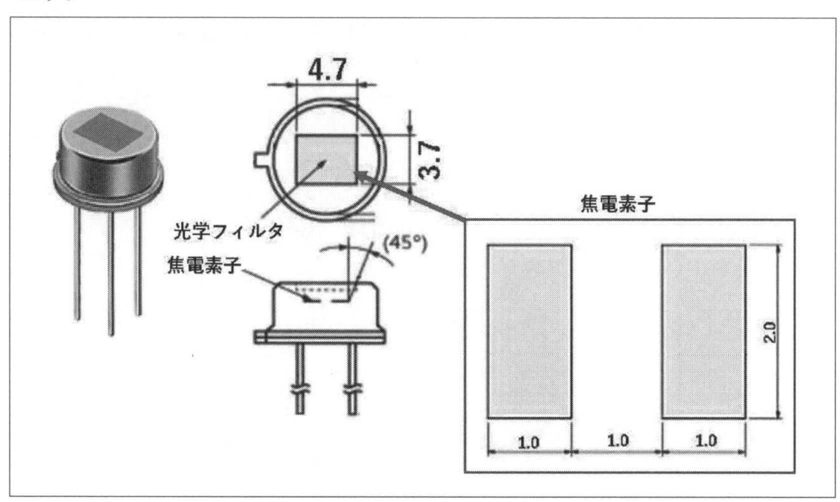

図13-13　焦電型2相センサ

その回路の概略が**図13-14**です。

「焦電素子」の「極性」を逆向きにして、「直列」につないでいます。

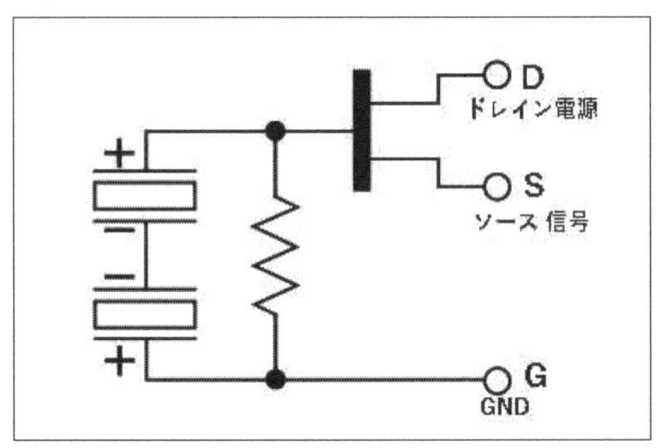

図13-14 焦電型センサ内部

「逆相」にすることで共通のノイズはキャンセルされ、信号だけが取り出せる、という回路構成。

「オペアンプ」の差動増幅回路に似ています。

素子のインピーダンスが高いので、「並列」に「抵抗」を入れ、FETで受けて電圧に変換しています。

この素子を使った「センサ検知」の原理を**図13-15**に示します。

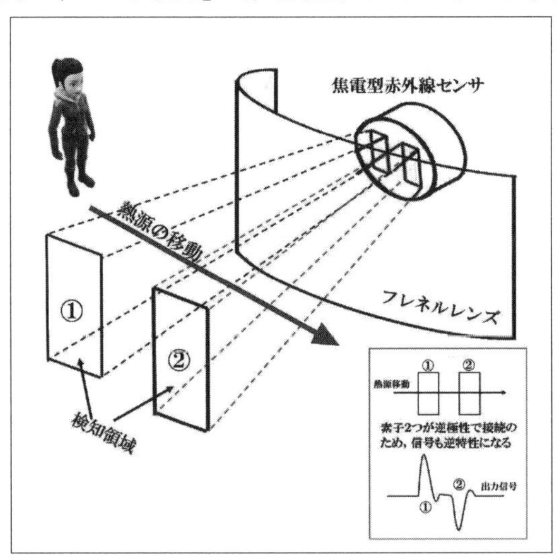

図13-15 デュアル・エレメント検知図

日本セラミック(株)の「デュアル・エレメントの信号」を参考にしています。

2素子のエレメントをもつセンサは、図のように「フレネル・レンズ」で指向性をもちながら広げられます。

ここに熱源が移動すると最初に「①」の素子が検知します。

そこで出力に「①」の波形が現われます。

ちょうど「①」と「②」の中間地点では信号はなく、続く「②」の素子の領域に入ると出力に「②」の反対方向の波形が現われます。

したがって、出力信号が「①」と「②」で逆向きの波形となります。

これを使って、歩行者数を調べたり、歩く向きを調べるわけですが、歩行速度が速かったり途中で止まったり、床との温度差が少なかったりして、判定には難しい面もあるようです。

下記のデータは日本セラミック(株)の資料の**SDA02-54**というデュアルタイプの「焦電型赤外線センサ」の特性をピックアップしたものです。

これを見ると、中央から左側の「X-X」の相対感度(指向特性)では、人の左右の眼の見える範囲のように、右と左のエレメント(素子)では特性が異なります。

いま表の中の矢印の方向に熱源が近づいてくると先に左のエレメントが反応することが分かります。

ところが「Y-Y」の相対感度では、「熱源」と同じ方向なので、左右のエレメントに相違はありません。

こう考えると、購入した数百円の「焦電型赤外線モジュール」には、設置について、「左右」「前後」「上下」などの方向の指定の記述がありません。

試しに我が家で7mほど離れたところから左右と前後、上下を変えて実験したところ、「水平移動」なら差があるように思えます。

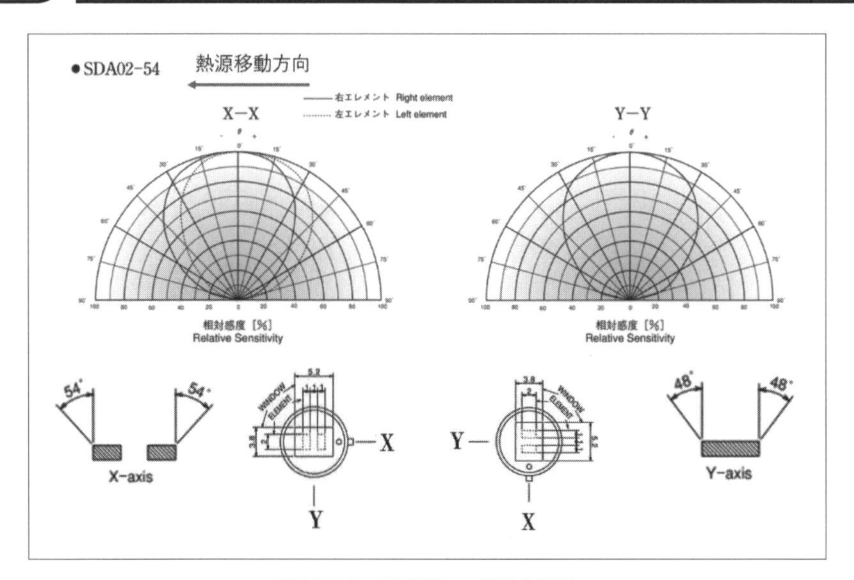

図13-16 焦電型センサ指向特性

なお、「2素子」の「焦電型センサ」では、上の相対感度からも分かるように、一方向に優れています。

図13-17は「デュアル・エレメント」を組み合わせた「4素子焦電センサ」の構成図です。

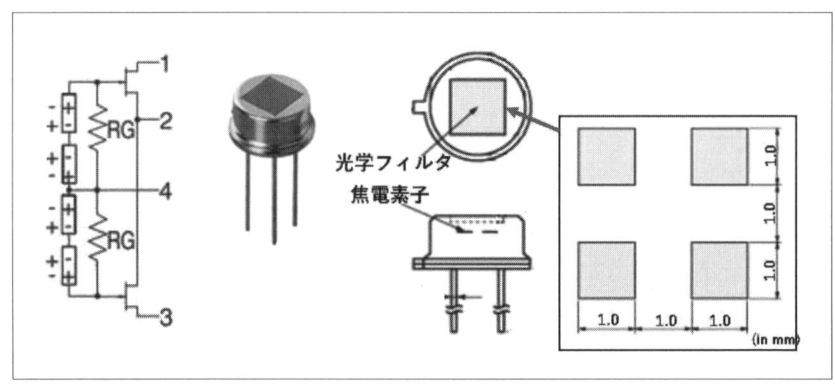

図13-17 焦電型4相センサとFET回路

「4素子」のセンサを使うとさらに別方向の「熱原変化」も取り出せます。

この場合の「進入」や「退出」方向を検知するために「FET」が「2個」になります。

この「デュアル・エレメント」を組み合わせた「2出力タイプ」を「光学系」と組

み合わせると、より高い信頼性が得られます。

図13-18は、この「4素子焦電センサ」の応用例です。

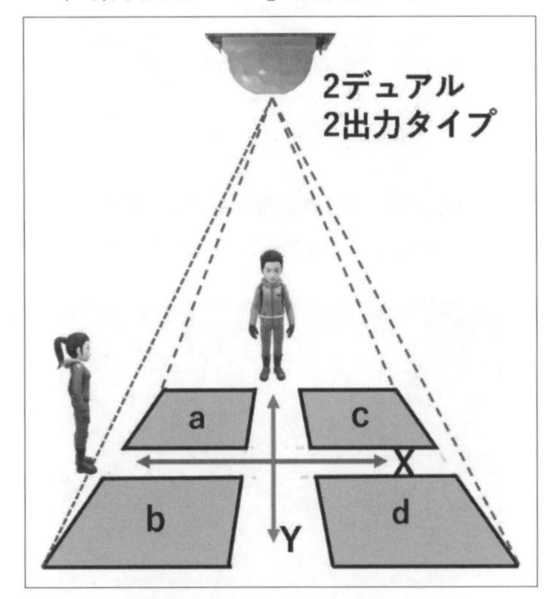

図13-18　4素子移動検知空間

1つ目の素子2個は（a，b）と（c，d）の組み合わせとなり、X方向の検出に敏感で、「進入」か「退出」か判別できます。

同様に**2つ目の素子**の組み合わせは、(a, c）と（b，d）で、Y方向の検出に敏感になり、「進入」と「退出」が判別できます。

[演習2]

「焦電型赤外線センサ」を2個使い、互いを「縦、横」に並べ、それぞれに「赤色LED」「青色LED」などで、どちらが反応したか分かるようにして、2素子の向きの違いで差が出るのか調べてみましょう。

図13-19のように、カバーを外して「センサ」の「窓の中心」が合うように位置を調整します。

図13-19　焦電型センサ縦横テスト

図13-20　縦横テストカバー付

2つのセンサは距離を開けないように近接させます。

また、「センサ」の前に物ができるだけこないように、段ボールの板の端に固定しました。

プログラムは、簡単です。

「センサ」と「LED」が1つ増えました。

しかし、「5V」や「GND」などの端子が不足するので、中継するボードが必要になります。

(写真にはArduinoより小さな白いボードが見えています)。

下記のプログラムでは、「入力端子7」と「8ピン」を使っていますが、どちらか一方を抜くと、反応しないはずの「LED」が点灯したり、同時に消えたり不可解なことが起きます。

これは「入力モード」なのに端子を外し、入力をハッキリしない状態にしたためです。

Arduinoの解説に、

「何も接続していないピンを読み取ると、「HIGH」と「LOW」がランダムに現われることがあります」

と書かれています。

Arduino と HC-SR501 2Sensors

```
int LedPin = 12;
int LedPin2 = 11;          //新たに11ピンに青色LED追加
int pirPin = 7;
int pirPin2 = 8;           //新たに8ピンに2番目のセンサの入力追加
int Det;
int Det2;                  //Det2には8ピン入力の0か1が入る

void setup() {
  pinMode(LedPin, OUTPUT);
  pinMode(LedPin2, OUTPUT);
  pinMode(pirPin, INPUT);
  pinMode(pirPin2, INPUT);
}
void loop() {
  Det = digitalRead(pirPin);          //7ピンの入力の値をDetに
  Det2 = digitalRead(pirPin2);        //8ピンの入力の値をDet2に
  digitalWrite(LedPin,Det);           //Detを表示(ここでは赤色)
  digitalWrite(LedPin2,Det2);         //Det2を表示(ここでは青色)
}
```

この「センサ」を2個使い、向きを変えて、3～7 m離れて実験しました。

「横から急に入る」「静かに入る」「急にしゃがむ」「急に真上にジャンプする」「前に歩く」「後退する」など試すと「上下方向」と「左右方向」では「LED」の「ON,OFF」が違うようです。

「横長」に設置すると、やはり「左右方向」に強く、「縦長」にすると「上下方向」に強いようです。

ただし、我が家は狭いため、広い所で確認するとよりハッキリすると思います。

いずれにせよ、安価なものですから2個設置しても効果があると思われます。

また、「4素子」に入れ替える(回路を新規に作らないといけない)とどうなるか調べるのも興味があります。

第14章

「温度・湿度・気圧」の集合した「センサ」について

ある目的のために、いくつかのセンサの計測が必要なら、それらを一つにまとめて「モジュール化」し、標準の通信規格でデータのやり取りをしたほうが合理的です。

14-1 温湿気圧センサ

図14-1には、「温度・湿度・気圧」(圧力)のセンサが、およそ12mmの小さな基板にまとめられています。

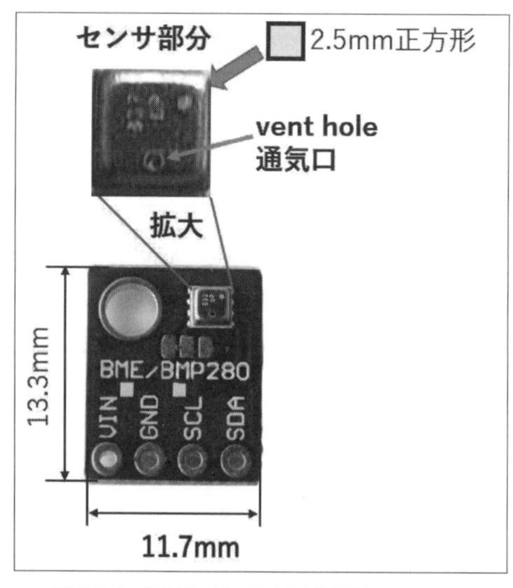

図14-1　BME/BMP280温湿気圧センサ

このモジュールは接続に関して、「電源⊕」と「GND」それに通信線の2本を含む、計4本だけです。

この中で実際のセンサ部分は、同図の右上の「2.5mm」角の金属製のカバーの中にあります。

このセンサを拡大してみると、φ0.3mm程度の通気口があることが分かります。

メーカーはBOSCHです。

以前、東松山市の工場でディーゼルエンジンの燃料噴射装置を見学した記憶があります。

このセンサも自動車用として開発されたのかもしれません。

この複合センサは**BME280**という品番がついており、バリエーションも多く、仕様も変わってきています。

ここでは、「Interface BME280 Temperature, Humidity & Pressure Sensor with Arduino」という紹介記事を見つけました。

ここに掲げてあるのは、この「4端子のセンサ」だけの解説書なので要点を以下にまとめます。

---

①相対湿度は、0～100%の測定範囲を±3%の精度で、気圧は絶対精度で300Pa～1100hPaの気圧を±1hPa（ヘクト・パスカル）の精度で、また温度は-40℃～85℃の範囲を±1.0℃の精度で測定できます。

圧力測定は非常に正確（0.25mのノイズ）であり、±1メートルの精度で高度計として使うこともできます。

②湿度センサは非常に速い応答時間を示します。

このため周囲の状況把握を迅速に行なうことができます。

③このモジュールには、**図14-2**のように「3.3Vレギュレータ」（LODは低電圧出力型のDC-DCコンバータ）が搭載されています。

また、「I2C電圧レベル・トランスレータ」を内蔵していて、Arduinoのような「3.3V」または「5V」の電圧に対処できます。

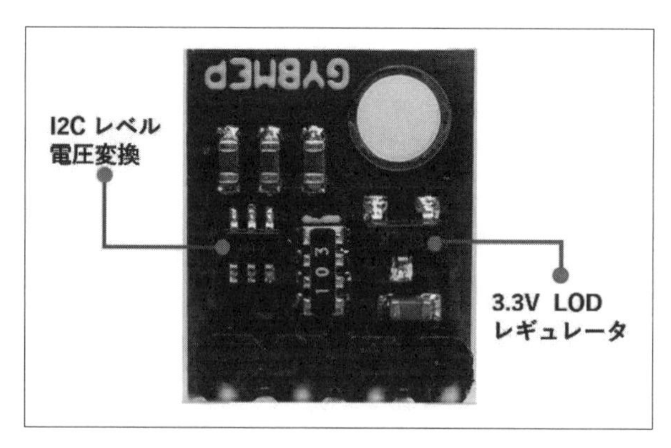

図14-2　BME280電圧レギュレータ

④BME280は、測定中は1mA未満、アイドル中にはわずか「5μA」の低消費電力です。

これによって「ハンドセット」「GPSモジュール」「時計」などのバッテリ駆動デバイスへの実装が可能になります。

⑤シンプルな「2線式I2Cインターフェイス」を備えており、任意のマイクロコントローラと簡単にインターフェイスできます。

BME280モジュールのデフォルトではI2Cアドレスは「0x76」ですが、「0x77」に変更することができます。

（**注意点**　基板の表も裏も似たような位置に3つ並んでいます。丸い穴が左上にある側です）

⑥工場出荷時は**図14-3**のように半田ジャンパー1、2、3のうち1と2が箔でつながっています。

（このとき「0x76」）

ここをアドレス「0x77」にしたければ、鋭利なカッターで1-2間を切断して2と3がつながるように半田付けします。

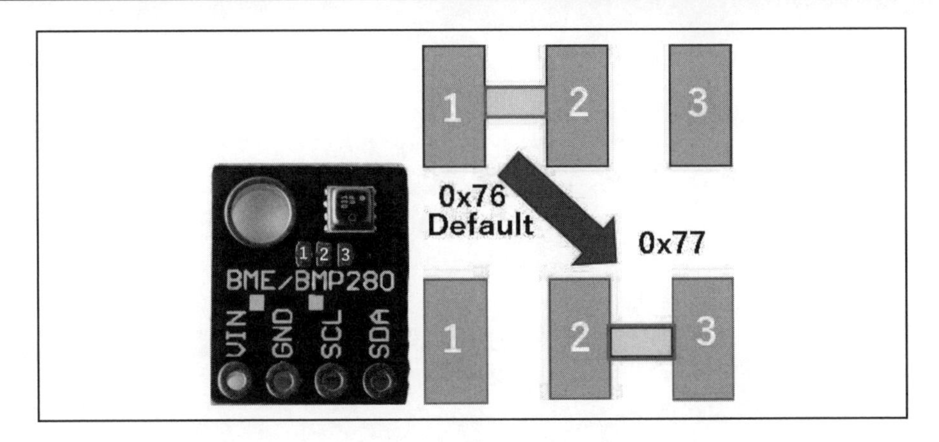

図14-3　ジャンパーの接続方法

マニュアルによると同図に「2」と番号を振った端子はSDOに相当し、「1」がGNDで、「3」がHIGHとなります。

「SDO」を「L」か「H」かに決めないといけません。

図14-4のように「SDO」は最下位ビット（LSB）と関係しているので、アドレスが1つだけ異なるのです。

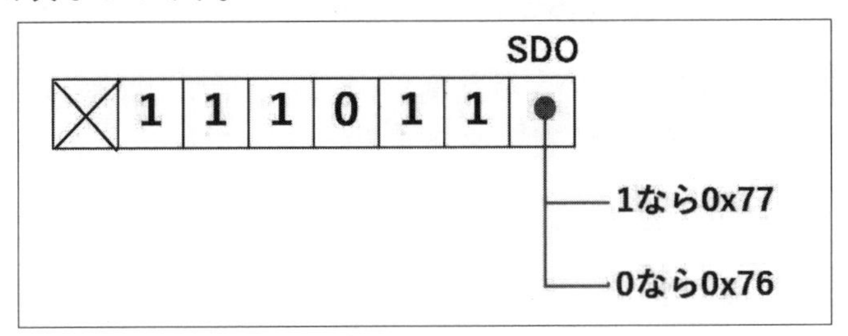

図14-4　BMEとSDOの関係

図14-5は、Arduinoの「I2c_scanner」というI2Cのデバイスのアドレスを調べるソフトです。

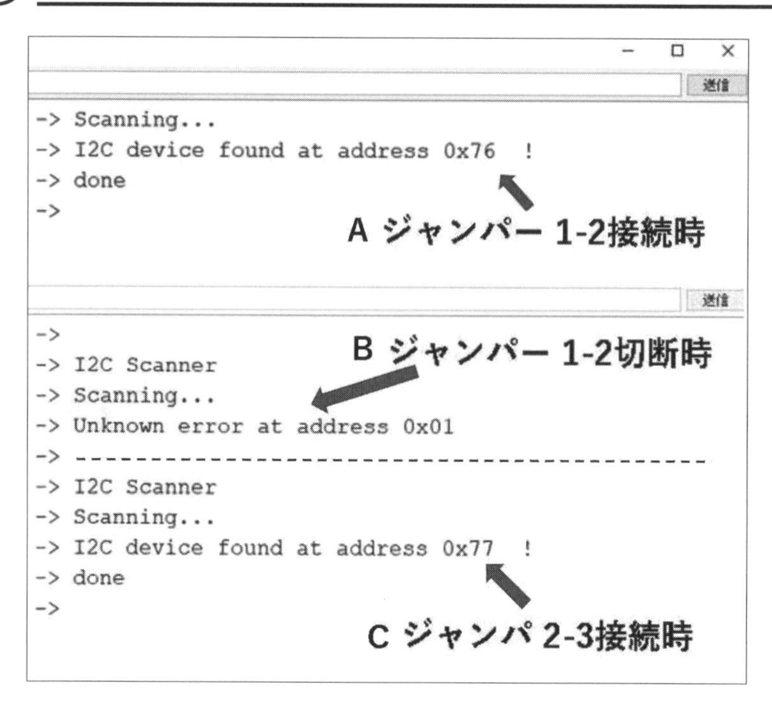

図14-5 BMP280アドレスチェックソフト

このBME280(GYBMEPタイプ)を調べたところ、同図の「A」のように何もしない時点でのアドレスは「0X76」でスペックのとおりでした。

次に、1と2の間の箔を切断して、再度このソフトで検査したのが「B」です。

アドレス不明となっており、箔が切断されたことが分かります。
そこで、半田で2と3の間をショートさせて調べたところ、アドレスは「0x77」に変わっていました。
このアプリで箔の切断が分かるのが便利です。

なお、SDOに当たる端子を浮いたまま「H」か「L」に固定しないでいるとI2Cのアドレスが決まらず、通信ができません。

＊

次のプログラムは、「i2c_scanner」から核になる部分だけを取り出してちょっと改変したものです。

Device Address <プログラム1>

```
#include <Wire.h>
void setup() {
   init();
   Wire.begin();
}

void loop() {
   byte error, address;
   for(address = 1; address < 127; address++ ){
       Wire.beginTransmission(address);    // ①
       error = Wire.endTransmission();      // ②

       if(error == 0){
          Serial.print("*** I2C Device address 0X");
          Serial.println(address,HEX);
       }
    }
     Serial.println(" +++   loop   +++");
     delay(3000);
}
```

[プログラム解説]

「for文」で0x01～0x7Fのアドレスを一つ一つプログラム中の、①の、「Wire.beginTransmission(address);」のaddressに入れて「送信を開始する」準備をします。

続いて、「②」の「error = Wire.endTransmission();」により、この相手先にシーケンスを発行します。

この関数には「戻り値」があります。

そこで、0x01からアドレスを一つずつ回して、毎回応答を見ます。

「リターン値」が「0」であれば、それがデバイスのアドレスとなります。

検査時間はすぐに終わります。

0：成功
1：送信バッファ溢れ

2：アドレス送信時にNACKを受信
3：データ送信時にNACKを受信
4：その他のエラー

このプログラムでは、「error」が「0」を返すときしかチェックしていません。
このときのアドレスをこのデバイスのアドレスとして表示しています。

下記の例では、**図14-7**のブロック図のように2つのセンサをつないでテストしたので、**スレーブ1**と**スレーブ2**の両方の表示が出ています。

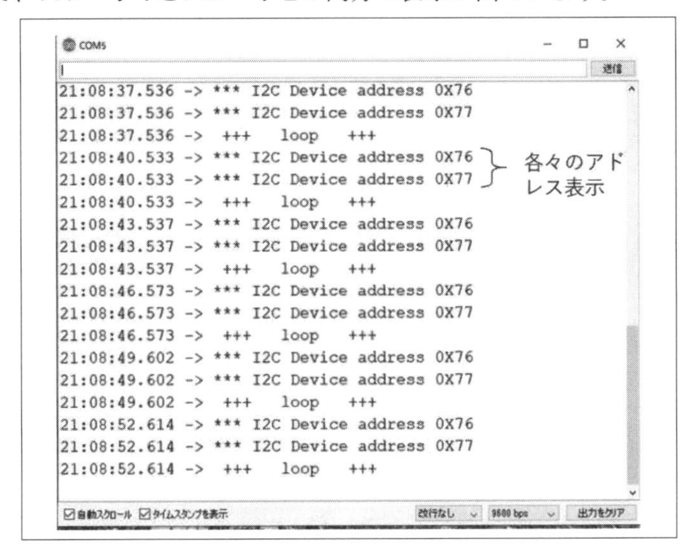

図14-6　実行結果

14-2 Arduinoでの「I2C通信」について

Arduinoでの「I2C通信」について簡単にまとめます。

「I2C」は、「Inter-Integrated-Circuit」の略称です。

フィリップス社から半導体部門が、2006年に分社化したNXP社に引き継がれ、近距離用に100kbps、400kbpsでシリアル通信できる便利な通信方式を提唱したことから始まりました。

＊

ここで取り上げた「BME/BMP280センサ」は、「SCL」と「SDA」という2本信号線だけで通信を実現できます。

しかし、この通信は、内部のメモリや制御ICなどの回線用なので、至近距離内の通信に納めないといけないでしょう。

---

①この通信方式は、一つの「マスター」と一つ以上の「スレーブ」とに役割を分けます。

指令はあくまでも「マスター」から出されます。

「データを読む」(Read)、「データを出す」(Write)という行為は、「マスター」からなされることになります。

②高速で確実な信号のやり取りをするため、「同期信号」が「マスター」から「スレーブ」に出されます。

特に「SCL」と「SDA」の信号線は、「スタンバイ状態時」には「Hレベル」になっており、「L」に下がるときに通信が開始されます。(つまりLOW ACTIVEです)

よって、2つの信号は「1kΩ」くらいの抵抗で「プルアップ」する必要があります。

しかし、Arduinoに「SCL」と「SDA」をつなぐ場合は、「Wireライブラリ」を使うことが多いので内部で、「プルアップ」された状態になります。

したがって、「抵抗」で「プルアップ」する必要はありません。

③2つの信号線にいくつかのスレーブがつながりますから、「マスター」はどのデバイスとやり取りしたいか、最初に「チップ・セレクト」する必要があります。

このため、各「スレーブ」は自分の「固有アドレス」をもっています。(つながっている「スレーブ」間に同じアドレスがないようにあらかじめ対応が必要)

図14-7では、2つの「温湿度」「気圧」センサ・モジュールをつないでいますから「スレーブ1」に「0X76」を、「スレーブ2」に先ほどカッターで箔を切断して「2-3間」に「半田付け」した「0x77」のセンサを置きました。

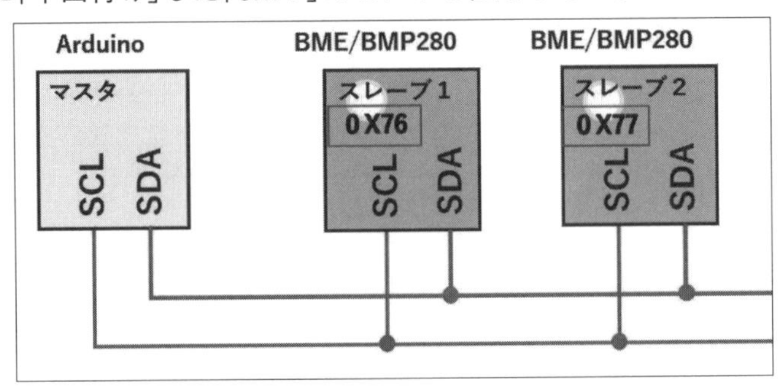

図14-7 I2C回線のブロック図

④図14-8の「SCL」と「SDA」信号の通信の様子を見てみましょう。
同図は、「Philips Semiconductors」からのマニュアルを参照しました。

「通信開始」は、「マスター」が「SCL」を「Hレベル」にしているときに「SDA」を「Lレベル」に落としたときが「START条件」となります。

すると、「マスター」は「SCL」に「タイミング信号」(クロック)を出しはじめます。

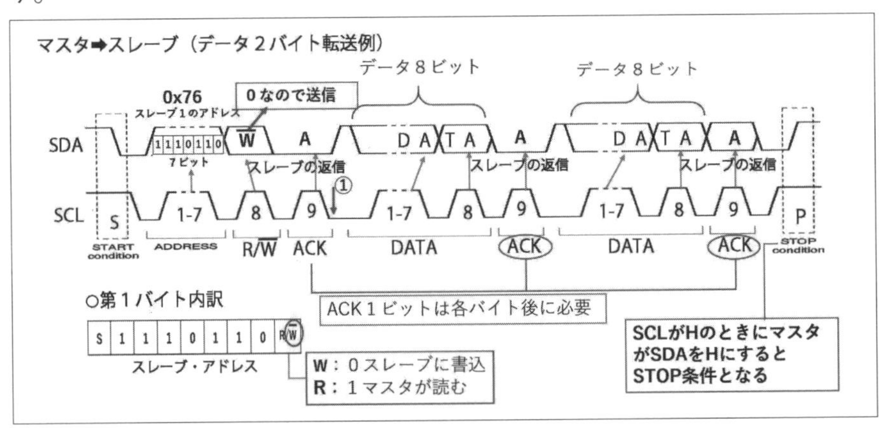

図14-8 I2C通信「マスター」と「スレーブ」の送受信信号

⑤最初に「マスター」から出る「第1バイト(8ビット)目」が重要です。

8ビットのうち、最初の「7ビット」までは「スレーブ・アドレス」で(図では「0x76」にしてある)、「8番目」の「LSB」(最下位ビット)はメッセージの方向を決めるためのビットです。

ここは「R/W」と記述してあり、「0」ならば「W」(write)のことで、「マスター」から指定された「スレーブ」に向かって情報の「書き込み」が行なわれます。

また、この「ビット」が「1」ならば「R」(read)ということで、「マスター」が「スレーブ」から「情報」を「読み込む」ことを示しています。

⑥「アドレス」が送信されると、システム内の各「デバイス」は「START」条件の後のこの「7ビット」を自分の「アドレス」と比較します。

「アドレス」が一致した場合には「マスター」との間で「データ」をやり取りできるアドレスに指定された、と判断します。

この「スレーブ・アドレス」は、「変更不能な固定部分」と「プログラム可能な部分」から構成されている場合があります。

1つの「システム」内に「同一のデバイス」が「複数個」使うことがあるためです。

「4ビット固定」で「3ビットのプログラムが可能」なら、「1つのバス」に「最大8個のデバイス」を接続可能です。

⑦「SDAライン」から出力される各「バイト」の長さは、必ず「8ビット」になります。

1回の「転送」で伝送できるバイト数には制限がなく、何バイトも送ることができます。

その代わり、各バイトの後には「アクノリッジ・ビット」が必要です。

「レシーバ」(デバイス)側が他の機能、たとえば内部割り込みのサービスなどの実行を終了するまでデータを完全に受信できない場合は、図中の「①」に示すように「レシーバ」(デバイス)側でSCLを“L”に保持し、「トランスミッタ」を「待ち」の状態にすることができます。

つまり、「クロック・ライン」が「L」に固定されて止まるので、「レシーバ(デバイス)側」が「データ・バイト」を受信できる状態になり、「クロックラインSCL」を開放すると、「データ転送」が再開されます。

⑧この図14-8は、「マスター」から「スレーブ」へ「データ」を「2バイト」転送する

場合を例として「SCL」と「SDA」のタイミング表を示しましたが、「スレーブから2バイトのデータをマスターが受信する場合」について見ると、「最初の第1バイト」は「LSB」が「R」に変わります。

つまり、「R=1」で「マスター」が読む、となります。

次に、「赤丸」で囲んだ「ACK」は「スレーブ」が「データ」を出したので、その「返答」となり、「マスター」が「SDA」を出すことになります。

ここで、実際に回路を作り、オシロで計測しました。

図14-9に「SDA」と「SCL」の波形を示します。

「SCL」の「クロックの周期」を測ったところ「10μS」でしたので、「周波数」は「100bps」となりました。

また、「START」からの7ビットは画面にあるように「0x76」で、次の「8ビット」のデータは「0xFA」でした。

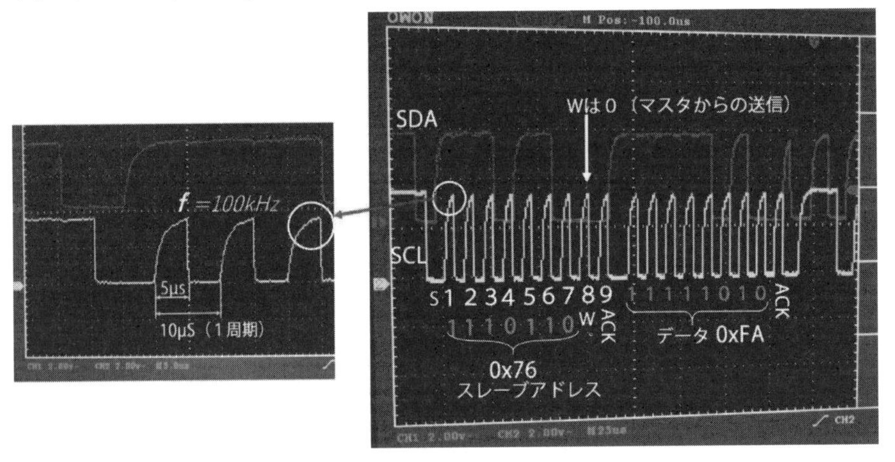

図14-9　SDAとSCLの波形

14-3 「センサ・モジュール」の計測データを得るための準備

Arduinoで「I2C通信」をする場合には、「Wireライブラリ」を使うのが一般的です。

＊

「Wireライブラリ」の関数について簡単に記載します。

1.	Wire.begin(address) 引数：adress（スレーブ・アドレス）	Wireライブラリを使うための初期設定を行なう関数。通常Setup()内に記載。引数を取らない場合はWire.begin()はマスターとして働き、引数にアドレスを記載した場合はスレーブとして働きます。通常スレーブ・アドレスは7bitで指定し、「0」は使えないので、「1」から「127」の値を取ります。また、基本的に「16進数」で記載するのが一般的なので、「0x_」のプレフィクスをつけて「16進数」で記載します。 たとえばアドレス番号1番の場合は、「Wire.begin(0x01)」、123番の場合は「Wire.begin(0x7B)」です。
2	Wire.requestFrom(address, count, [stop]) adress:スレーブ・アドレス count:要求するバイト数 [stop]:要求停止(通常は省略) 戻り値：受け取ったバイト数	マスターからスレーブに対してデータを要求する際に使用します。 受け取ったデータはバッファに保存されます。 たとえば、「スレーブ番号1番」に対して「2バイト要求」する場合は「Wire.requestFrom(0x01, 2)」と記載します。「戻り値」には実際に受け取ったバイト数が返ります。
3.	Wire.available() 引数：なし 戻り値：読み取りできるバイト数	スレーブからの受信データの有無を確認します。 関数の「戻り値」は読み取り可能な受信データの数となります。
4.	Wire.read() 引数：なし 戻り値：バッファ中の受信データ	「マスター」が「スレーブ」に対して「Wire.requestFrom()」を要求し、受け取ったデータに対して、バッファ内に保存されているデータを「バイト単位」で読み出します。 同様に、「スレーブ」として作動しているときに「マスター」から受け取ったデータを読むときにも使います。

5.	Wire.beginTransmission(address) 引数：スレーブ・アドレス 戻り値：なし	指定したアドレスの「スレーブ」と通信を開始するときに使用します。

6.	Wire.write(value)
	差し替え1
	引数：次の3種類のデータが指定できる.
	value：バイトデータを設定する
	`Wire.write(value)`
	
	string：文字列を設定する
	`Wire.write(string)`
	
	data、length：バイトの配列データのdataとその配列の長さlengthを指定する
	`Wire.write(data,length)`
	
	戻り値：実際に送ったデータ数
		「Wire.beginTransmission(address)」で通信開始を指定した「スレーブ」に対してデータを送ります。
		1byteのデータを送る「Wire.write(value)」の他に文字データを送る「Wire.write(string)」や「バイト数」を指定して送る「Wire.write(data, length)」が使用できます。

7.	Wire.endTransmission([stop]) 引数 stop(省略可):ストップメッセージ 戻り値：送信結果 (byte) 0:成功 1:送ろうとしたデータが送信バッファのサイズを超えた 2:スレーブ・アドレスを送信し、NACKを受信した 3:データ・バイトを送信し、NACKを受信した 4:その他のエラー	「スレーブ」に対しての送信を終了します。 引数の[stop]は省略可能で、デフォルトでは「true」になっています。「true」(または引数を取らない場合)は、「ストップメッセージ」が送信されて「I2C」の接続が解放されます。 falseの場合は「restart」メッセージをリクエストのあと送信し「コネクション」を維持します。
8.	Wire.onReceive(handler),	「マスター」からデータが送られてきたときに呼び出す関数を指定する。
9.	Wire.onRequest(handler)	「マスター」から割り込みした際に呼び出す関数を指定する

記述するプログラムの冒頭に「# include <Wire.h>」としておきます。

[演習1]

表は、「Bosch Sensortec」からの「BME280」のデータシートです。
「レジスタ」部分を一部省略して表にしました。
表の下から2番目にレジスタ「ID」のアドレスとその識別データがありますが、Wireライブラリを使って、表のとおりのデータ(0x60)か調べてみましょう。

表14-1 BME280レジスタ表

Register Name	Adress	Reset state
hum_lsb	0xFE	0x00
hum_msb	0xFD	0x80
temp_xlsb	0xFC	0x00
temp_lsb	0xFB	0x00
temp_msb	0xFA	0x80
press_xlsb	0xF9	0x00
press_lsb	0xF8	0x00
press_msb	0xF7	0x80
config	0xF5	0x00
ctrl_meas	0xF4	0x00
status	0xF3	0x00
ctrl_hum	0xF2	0x00
calib26..calib41	0xF1…0xF0	individual
reset	0xE0	0x00
id	0xD0	0x60
calib00..calib25	0x88…0xA1	individual

BME280のchip_IDを読む ＜プログラム2＞

```
#include <Wire.h>
#define DevAd 0x76
#define IDReg 0xd0
int ID, ans;
void setup(){
    Wire.begin();
    Serial.begin(9600);
}
void loop(){
```

```
    Wire.beginTransmission(DevAd);
    Wire.write(IDReg);
    Wire.endTransmission();
    Serial.print("ID = 0x");
    Wire.requestFrom(DevAd, 1);
    int ID = Wire.read();
    Serial.println(ID,HEX);
    delay(1000);
}
```

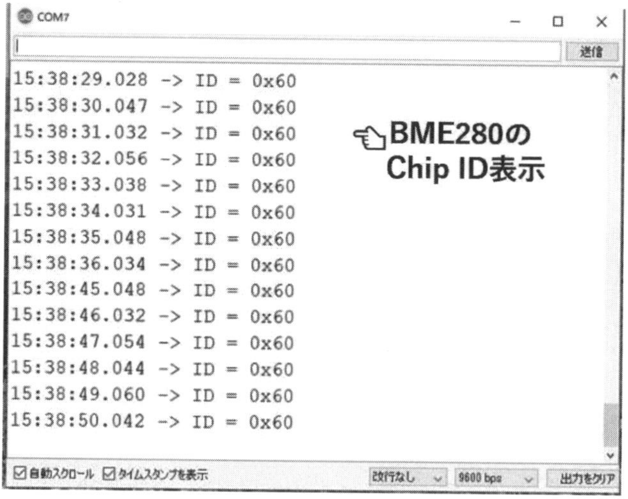
COM7
送信
15:38:29.028 -> ID = 0x60
15:38:30.047 -> ID = 0x60
15:38:31.032 -> ID = 0x60
15:38:32.056 -> ID = 0x60
15:38:33.038 -> ID = 0x60
15:38:34.031 -> ID = 0x60
15:38:35.048 -> ID = 0x60
15:38:36.034 -> ID = 0x60
15:38:45.048 -> ID = 0x60
15:38:46.032 -> ID = 0x60
15:38:47.054 -> ID = 0x60
15:38:48.044 -> ID = 0x60
15:38:49.060 -> ID = 0x60
15:38:50.042 -> ID = 0x60
BME280の
Chip ID表示
自動スクロール
タイムスタンプを表示
改行なし
9600 bps
出力をクリア

図14-10　BME280chip_ID

[プログラム解説]

「I2C」において通信のために必要な情報は、「スレーブ・デバイス」の「アドレス」が必要です。

最初に「Wire.begin(address)」によって初期設定しますが、ここにも出てきます。これは、先に調べたように「0x76」でした。

この「BME280」のチップの「IDアドレス」も必要です。

「Wireライブラリ」の関数群の管理をしている「Wire.h」の「ヘッダ」を冒頭にもち込んで(include)おく必要があります。

これも**表14-1**から「0xd0」と分かりました。

「Wire.beginTransmission(address)」は指定したアドレスの「スレーブ」と通信を開始するときに使います。

そして、「Wire.write(adress)」で読み込みをするアドレスすなわち「0xD0」を知らせます。

次に「Wire.endTransmission ()」によって送信を完了します。

「Wire.requestFrom(address, count)」により、「マスター」から「スレーブ」に対してデータを要求する際に使います。

要求するアドレスは「Wire.write」で先に送ったアドレスから「countバイト」ぶんのデータを「バッファ」に保存します。

これを「Wire.read()」で読み出します。

そして表示します。

[演習2]

「**演習1**」で「BME280chip」の「ID」がアドレス「0xD0」にあり、その中には「0x60」という認証データが入っていることが分かりました。

では、逆に、ある「1バイト」のデータが「0x60」であることを知っていたとして、その「アドレス」は何番地にあるのでしょうか。

あるマンションに「1バイト」の部屋が「256室」あるとして、そのどこかの部屋の住人が「0x60」という数値情報をもっているのを探せ、ということです。

たまたま居合わせた人が「0x60」をもっているかもしれません。

実際に探してみると「0xB6」「0xBD」そして「0xD0」と、3つのアドレスがありました。

「for文」で「0～256」、そのx番地の中身が「0x60」に等しいものを見つければ、そのときの「for文」の変数の値がアドレスとなります。

BME280のchip_IDを探す＜プログラム3＞

```
#include <Wire.h>
#define DevAd 0x76
#define IDReg 0xd0
```

```
int ID, ans;
void setup(){
    Wire.begin();
    Serial.begin(9600);
}

void loop(){
    for(int k = 0; k < 257; k++) {
      Wire.beginTransmission(DevAd);
      Wire.write(k);
      Wire.endTransmission();
      Wire.requestFrom(DevAd, 1);
      int ID = Wire.read();
      if (ID == 0x60) {
        Serial.print(" xad = 0x");
        Serial.println( k, HEX);
      }
      Serial.print(" k = ");
      Serial.println(k);
      delay(100);
    }
}
```

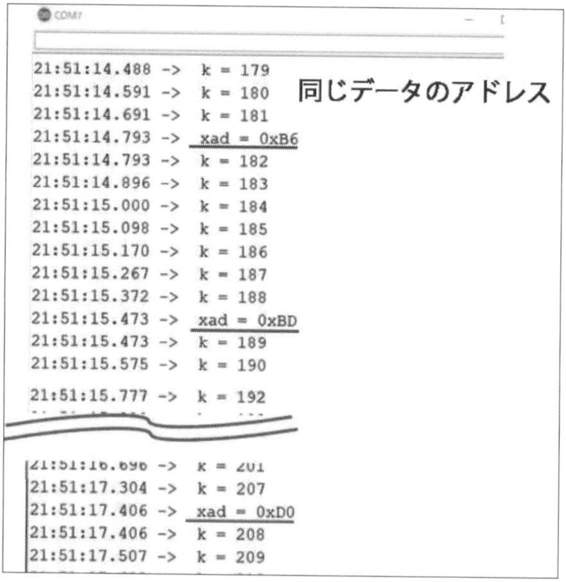

```
COM7
21:51:14.488 -> k = 179
21:51:14.591 -> k = 180
21:51:14.691 -> k = 181
21:51:14.793 -> xad = 0xB6
21:51:14.793 -> k = 182
21:51:14.896 -> k = 183
21:51:15.000 -> k = 184
21:51:15.098 -> k = 185
21:51:15.170 -> k = 186
21:51:15.267 -> k = 187
21:51:15.372 -> k = 188
21:51:15.473 -> xad = 0xBD
21:51:15.473 -> k = 189
21:51:15.575 -> k = 190
21:51:15.777 -> k = 192

21:51:16.696 -> k = 201
21:51:17.304 -> k = 207
21:51:17.406 -> xad = 0xD0
21:51:17.406 -> k = 208
21:51:17.507 -> k = 209
```

同じデータのアドレス

図14-11　番地探し

14-4 「BME280ライブラリ」とプログラムについて

この「センサ・モジュール」のためには多くのライブラリが用意されています。

ここでは、「BME/BMP280」の紹介記事から、

http://cactus.io/hookups/sensors/barometric/bme280/hookup-arduino-to-bme280-barometric-pressure-sensor
BME280 I2C Library (Download - BME280 I2C Library)

をdownloadします。

＊

図中の「長丸」ファイル、「cactus_io_BME280_I2C.zip」を解凍すると、「cactus_io_BME280_I2C」が得られます。

「cactus…」の中には2つのファイルが入っています。

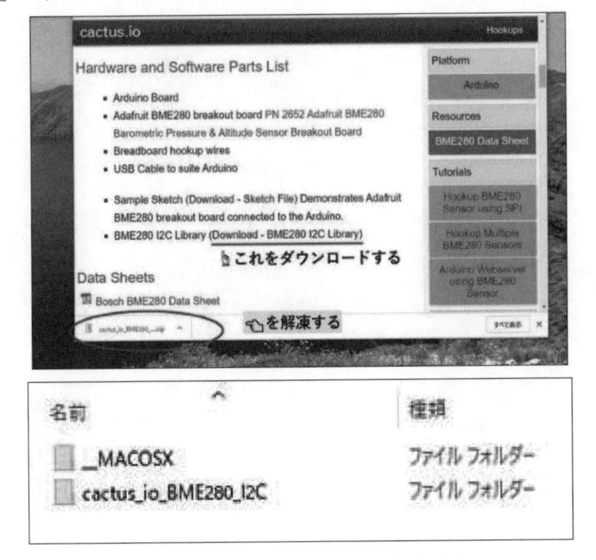

図14-12　cactus_io_BME280_I2C

この「cactus…」の「フォルダ」をPC内にある「Arduino」というフォルダ内の「libraries」に入れます。

＊

以下、この手順を図で説明します。

[手順]

[1]「Arduino IDE」を開きます。

編集画面が表示されたら、①「ファイル」をクリックして、次に②「開く」をクリックします。

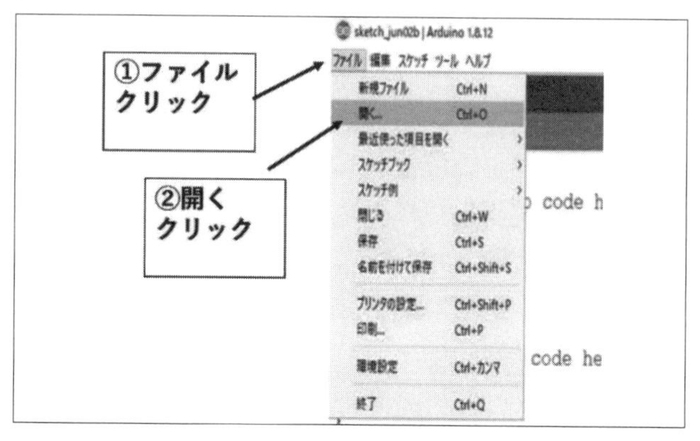

図14-13 編集画面

[2]③をクリックすると、リストの中に④「Arduino」というフォルダがあります。

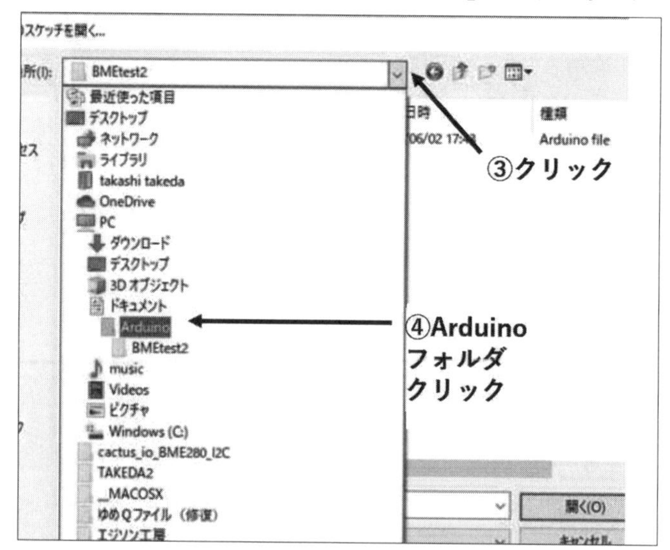

図14-14 「Arduino」フォルダをクリック

[3] この「Arduino」をクリックすると、このフォルダの中に⑤「libraries」というフォルダがあります。

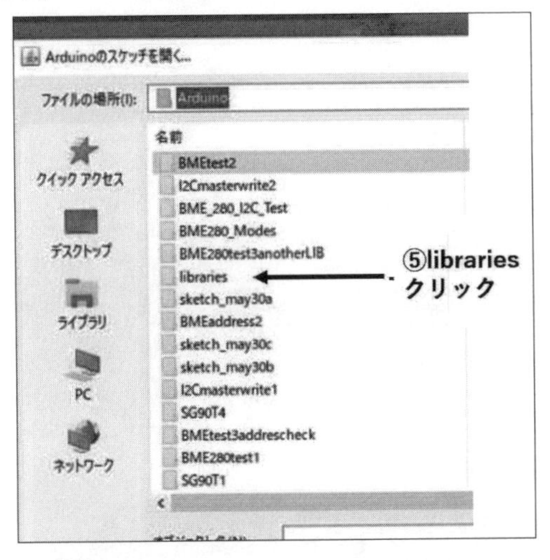

図14-15 「libraries」フォルダをクリック

[4] この「libraries」の中に「cactus_io_BME280_I2C」を入れます。

先の「cactus_io_BME280_I2C」のライブラリは「Arduino」の「スケッチ」から引っ張り出してこれなかったので、指示されたサイトからダウンロードしました。

ただし、よく使われるので登録してある場合は、次の方法で取り出せます。

[1] まず、Arduinoの「IDE」を開きます。

上のタスクバーに「スケッチ」があるので、①のようにクリックします。

[2] すると新たに②のウィンドウが開きます。

ここの「ライブラリをインクルード」にカーソルを移動すると、さらに③の「ライブラリ管理…」が開きます。

[3] (A)この文字の場所までマウスを滑らしていき、下を辿って所望のライブラリを探すか、もしなければ(B)ライブラリ管理をクリックするかします。

[4] クリックすると、ネットを通じて専用のHPにジャンプします。

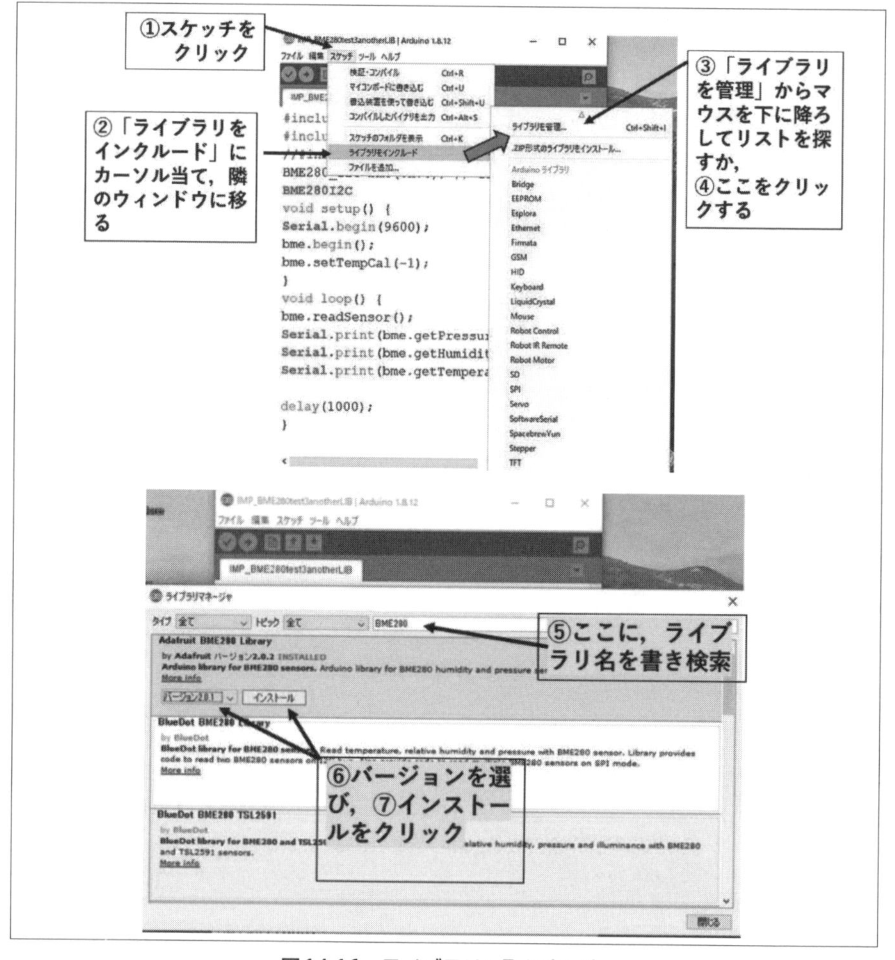

図14-16　ライブラリの取り出し方

[5] 新しく開いた専用画面に検索枠があるので、所望のライブラリ名を記入してください。

[6] すると、検索が始動し、関連のライブラリを次々探し出してくれます。

見つかったら、バージョン情報をチェックしてインストールします。

どこにインストールされるかというと、「Arduino」のフォルダの「libraries」フォルダに入ります。

＊

なお、新たに入ったライブラリの中を見ると「サンプル・プログラム」が入っていたりしますから、それをコピーして、まず、動作するかチェックするといいと思います。

これで、準備は整いました。配線を**図14-17**に示します。

「BME280」の「VIN」(5V入力)は、Arduinoの「3.3V」もしくは、「5V」に、どちらでも稼働します。

・「BEM280」の「GND」はArduinoの「GND」に
・「BME280」の「SCL」はArduinoの「LEONARDO」の「SCL」に
・「BME280」の「SDA」はArduinoの「LEONARDO」の「SDA」に

それぞれ接続します。

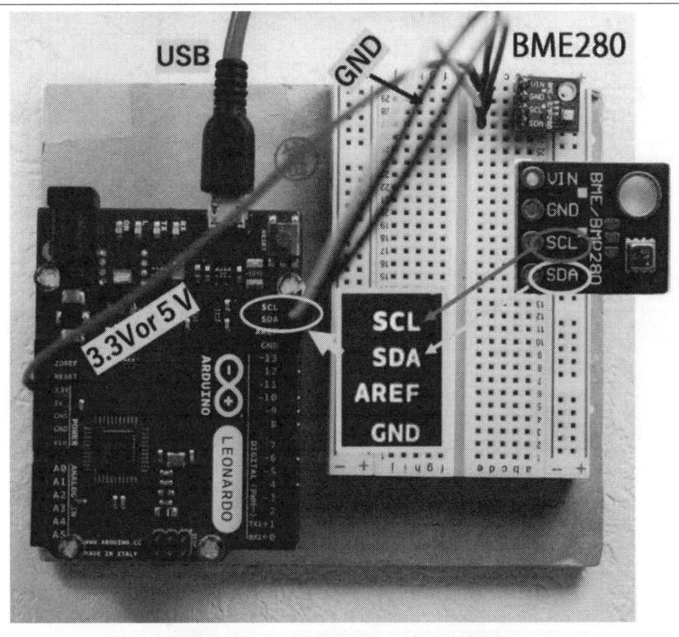

図14-17　BME280とArduino接続

■(1)「Adafruit_BME280」の「複合センサ・モジュール」の「テスト・プログラム」

BME280のライブラリにAdafruitをまず使ってみました。

なお、ライブラリをインストールするときに、「Adafruit Unified Sensor」も一括して、「all ?」と聞いてきたら、全部入れてインストールしてください。

※聞いてこなければ、その開いているウィンドウで検索すると見つかります。
なお、一部簡潔にするため、余分な箇所は省略しました。

// ＜プログラム4＞

```
#include <Wire.h>                                    ①
#include <Adafruit_Sensor.h>                         ②
#include <Adafruit_BME280.h>                         ③

Adafruit_BME280 bme; // I2C                          ④

void setup(){
    Serial.begin(9600);                              ⑤
    bme.begin(0x76);    //アドレス切換                ⑥
}

void loop() {
    printValues();                                   ⑦
    delay(2000);
}

void printValues() {                                 ⑧
    Serial.print("Temperature = ");                  ⑨
    Serial.print(bme.readTemperature());             ⑩
    Serial.println(" *C");                           ⑪

    Serial.print("Pressure = ");
    Serial.print(bme.readPressure() /100.0F);        ⑫
    Serial.println(" hPa");

    Serial.print("Humidity = ");
    Serial.print(bme.readHumidity());                ⑬
    Serial.println(" %");

    Serial.println();
}
```

[プログラム解説]

①I2C通信のためWireヘッダを入れる

②BMEセンサにAdafruitのサポートを活用したので

③AdafruitのBME280ライブラリ取得のため

④AdafruitのBME280を利用するインスタンス作成

⑤計測結果をArduinoとPCで交信のため9600bpsに

⑥begin(I2C_ADDER)関数で、デバイスのアドレスを0x76としてArduinoとBME280で交信。0x77に変更時は、ここを書き換える

⑦この「printValues()」関数は画面表示を請け負うサブルーチンである。約2秒ごとに更新される

⑧printValues関数内部の記述が始まる

⑨まず、「**Temperature =** 」と表示され、改行しない。

⑩bmeはBME280インスタンスで「readTemperature ()」。

⑪関数を呼び出し、その結果を表示。改行しない。
その数値のあとに「＊C」と表示し、ここで改行。

⑫ここは、BME280でヘクトパスカル「hPa」に合わせるために「bme.readPressure()」の値を実数の「100.0」で割っている。

⑬ここでは、「温度」や「湿度」「気圧」を呼んでくるのに、「read×××()」関数として読み込んでいる。

<プログラム4>には、このほかにApprox.Altitudeの表示があります。
今いるところの標高を[m]で表示するものです。
しかし、表示される数値が、まったく異なるので、外しました。

これは「BME280」から得られる圧力から換算するもので、直接このセンサから求めることができないからです。

だいたい今いるところが、4〜5 mくらいだと思うのですが、100 mくらいになるので、実測値と近似させるには、ノウハウが必要だと思います。

・もし、表示したい場合は、**<プログラム4>**に、

①#define SEALEVELPRESSURE_HPA (1013.25)を加えます。

②以下の3行をprintValues()関数内に加えます。

```
Serial.print("Approx.Altitude = ");
Serial.print(bme.readAltitude(SEALEVELPRESSURE_HPA));
Serial.println("m");
```

このときの表示画面です。

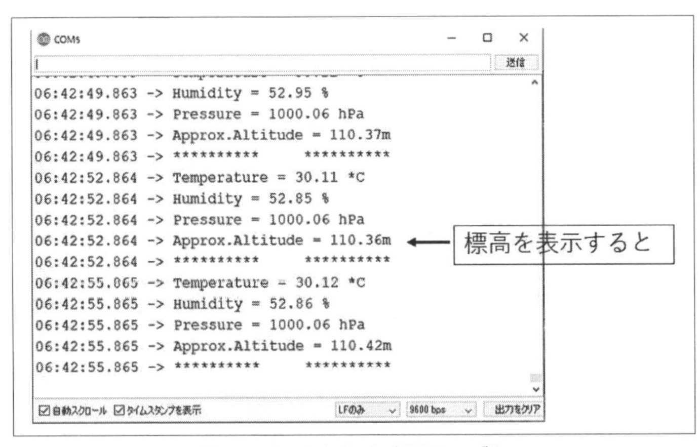

図14-18 Adafruit表示テーブル

■(2)「cactus_io_BME280_I2C」ライブラリを使った例

ダウンロードしたサンプルは、「0x77」をデフォルトとしたアドレスとしていましたが、一般に「BME280」を購入時点で「0x76」なので、書き替えました。

```
0x77ならBME280_I2C bme
0x76ならBME280_I2C bme(0x76)
```

また、この宣言で、「bme」という名のインスタンスが生成されます。

「setup ()」関数の中で、

```
if (!bme.begin()) {
Serial.println("Could not find a valid BME280 sensor, check wiring!");
while (1);
}
```

という部分を省きました。

「begin ()」の処理が正しく行なわれると「true」(≠0)が返されます。

しかし、「!true」は「偽り」で、すなわち「false (0)」となります。

「if(false)」は文を実行しないので、何もせず抜けていきます。

もし、「戻り値」が「false」(間違い)だとすると「!false」は、間違いではない(=正しい)となり、「if文」を実行します。

ここでは、その下に「while(1);」とあるので、メッセージを出した後に、「while文」を永久に繰り返します。

主な間違いは「センサを取り付けていなかった」とか「I2C回線周りのミス」だと思われます。

「bme.begin()」によってセンサの初期化が行なわれます。

「bme.setTempCal(-1)」は、他のライブラリにはない場合があり、読み取り値が高い場合に、温度較正(オフセット)をするために使われます。

ここでは、「−1」は1度下げて表示されます。

(A)「BME280のセンサケースが発熱がすぐ横にある場合」や、(B)「センサ内部の電圧レギュレータが熱を帯びたとき」に較正するのが狙いです。
通常何も問題がなければ、「0」を入れます。

「温度」や「湿度」、「圧力データ」を読むためには、先に「readSensor()」関数を呼び出す必要があります。

「センサ」から「気圧」は「パスカル」で返されます。
100Pa ＝ 1hPa ＝ 1ミリバールです。
「getPressure_MB()」は値を「ミリバール」(または「ha」)で返します。
もし、「getPressure_P()」なら、「パスカル」で値を返します。

湿度は、「摂氏」なら「getTemperature_C()」を使い、「華氏」なら、「getTemperature_F()」で取得できます。

「気圧」「湿度」「温度」は「小数点float」値を返します。

実際に表示されたデータを示しておきます。

cactus_io_BME280 TYPE　＜プログラム5＞

```
#include <Wire.h>
#include "cactus_io_BME280_I2C.h"
BME280_I2C bme(0x76); // I2C using address 0x76

void setup() {
  Serial.begin(9600);
  bme.begin();
  bme.setTempCal(-1);
}

void loop() {
  bme.readSensor();
  Serial.print(bme.getPressure_MB()); Serial.print(" mb  ");
  Serial.print(bme.getHumidity()); Serial.print(" %  ");
  Serial.print(bme.getTemperature_C()); Serial.println(" *C");

  delay(3000);
}
```

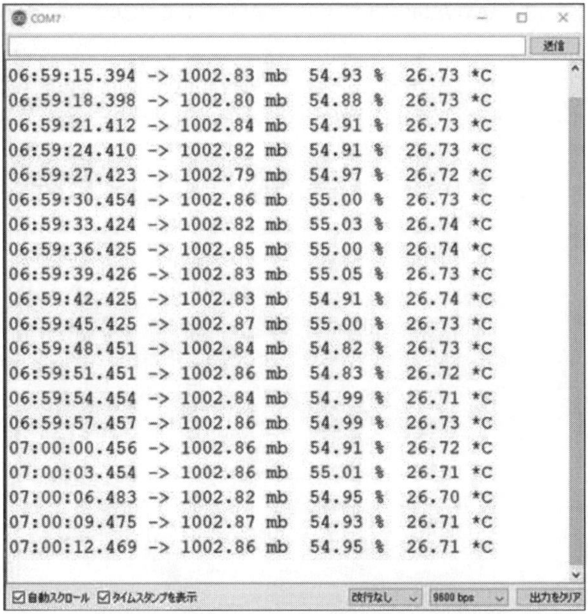

COM7

送信

```
06:59:15.394 -> 1002.83 mb  54.93 %  26.73 *C
06:59:18.398 -> 1002.80 mb  54.88 %  26.73 *C
06:59:21.412 -> 1002.84 mb  54.91 %  26.73 *C
06:59:24.410 -> 1002.82 mb  54.91 %  26.73 *C
06:59:27.423 -> 1002.79 mb  54.97 %  26.72 *C
06:59:30.454 -> 1002.86 mb  55.00 %  26.73 *C
06:59:33.424 -> 1002.82 mb  55.03 %  26.74 *C
06:59:36.425 -> 1002.85 mb  55.00 %  26.74 *C
06:59:39.426 -> 1002.83 mb  55.05 %  26.73 *C
06:59:42.425 -> 1002.83 mb  54.91 %  26.74 *C
06:59:45.425 -> 1002.87 mb  55.00 %  26.73 *C
06:59:48.451 -> 1002.84 mb  54.82 %  26.73 *C
06:59:51.451 -> 1002.86 mb  54.83 %  26.72 *C
06:59:54.454 -> 1002.84 mb  54.99 %  26.71 *C
06:59:57.457 -> 1002.86 mb  54.99 %  26.73 *C
07:00:00.456 -> 1002.86 mb  54.91 %  26.72 *C
07:00:03.454 -> 1002.86 mb  55.01 %  26.71 *C
07:00:06.483 -> 1002.82 mb  54.95 %  26.70 *C
07:00:09.475 -> 1002.87 mb  54.93 %  26.71 *C
07:00:12.469 -> 1002.86 mb  54.95 %  26.71 *C
```

☑自動スクロール ☑タイムスタンプを表示　改行なし　9600 bps　出力をクリア

図14-19 ＜プログラム5＞の実行結果

■(3)BlueDot_BME280ライブラリの例

　ファイルが大きいので概略だけです。

・BME280センサのアドレス「0x76」タイプまたは「0x77」タイプのどちらを組み込んでも(あるいは、両方でも)「温度」「湿度」「気圧」「標高」のデータが表示されます。

　また、各計測のための「補正値」の選択など至れり尽くせりのソフトです。

　ここでは、プログラムの冒頭の少しと実行結果の表示だけを掲げておきます。

・スケッチのライブラリ検索してください。downloadされたサンプルの中の「BME280_MultipleSensorsI2C」を開いてください。

　他に、「BME280_MultipleSensorsSPI」のサンプルもあります。

ADVANCED SETUP - SAFE TO IGNORE

```
  //Now define the oversampling factor for the temperature
measurements
  //You know now, higher values lead to less noise but slower
measurements
  //0b000:      factor 0 (Disable temperature measurement)
  //0b001:      factor 1
  //0b010:      factor 2
  //0b011:      factor 4
  //0b100:      factor 8
  //0b101:      factor 16 (default value)
    bme1.parameter.tempOversampling = 0b101;    //Temperature
Oversampling for Sensor 1                        ①
    bme2.parameter.tempOversampling = 0b101;    //Temperature
Oversampling for Sensor 2
     //**************ADVANCED SETUP - SAFE TO
IGNORE************************

  //Finally, define the oversampling factor for the pressure
measurements
  //For altitude measurements a higher factor provides more stable
values
  //On doubt, just leave it on default

  //0b000:      factor 0 (Disable pressure measurement)
  //0b001:      factor 1
  //0b010:      factor 2
  //0b011:      factor 4
  //0b100:      factor 8
  //0b101:      factor 16 (default value)
    bme1.parameter.pressOversampling = 0b101;       //Pressure
Oversampling for Sensor 1
    bme2.parameter.pressOversampling = 0b101;       //Pressure
Oversampling for Sensor 2

      //**************ADVANCED SETUP - SAFE TO
IGNORE************************
    //For precise altitude measurements please put in the current
pressure corrected for the sea level
  //On doubt, just leave the standard pressure as default (1013.25
hPa);

    bme1.parameter.pressureSeaLevel = 1013.25;    //default value of
```

```
1013.25 hPa (Sensor 1)
    bme2.parameter.pressureSeaLevel = 1013.25;     //default value of
1013.25 hPa (Sensor 2)
  //Also put in the current average temperature outside (yes, really
outside!)
  //For slightly less precise altitude measurements, just leave the
standard temperature as default (15°C and 59°F);

    bme1.parameter.tempOutsideCelsius = 15;                  //default
value of 15°C
    bme2.parameter.tempOutsideCelsius = 15;                  //default
value of 15°C

    bme1.parameter.tempOutsideFahrenheit = 59;               //default
value of 59°F
    bme2.parameter.tempOutsideFahrenheit = 59;               //default
value of 59°F
  //*******************************************************************
****
```

[プログラム解説]

①factorを選び、そのコードを「Sensor1,2」に入れる

「BlueDot_BME280ライブラリ」での実行結果

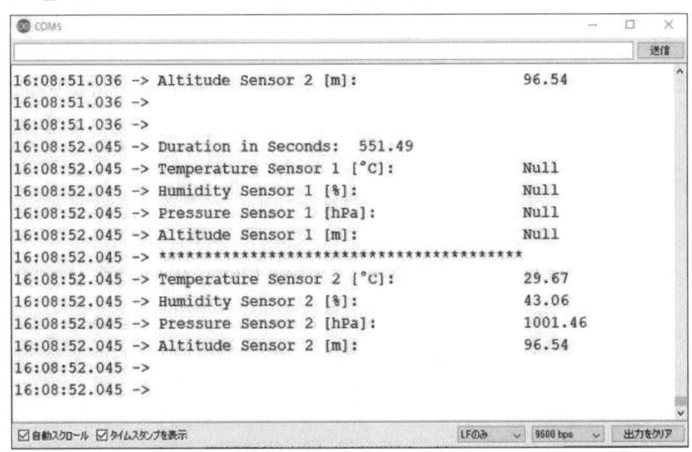

図14-20　0x76の場合

```
COM5
送信
16:12:16.261 -> Altitude Sensor 2 [m]:                Null
16:12:16.261 ->
16:12:16.261 ->
16:12:17.275 -> Duration in Seconds:  12.22
16:12:17.275 -> Temperature Sensor 1 [°C]:            32.10
16:12:17.275 -> Humidity Sensor 1 [%]:                46.20
16:12:17.275 -> Pressure Sensor 1 [hPa]:              1001.46
16:12:17.275 -> Altitude Sensor 1 [m]:                96.54
16:12:17.275 -> ****************************************
16:12:17.275 -> Temperature Sensor 2 [°C]:            Null
16:12:17.275 -> Humidity Sensor 2 [%]:                Null
16:12:17.275 -> Pressure Sensor 2 [hPa]:              Null
16:12:17.275 -> Altitude Sensor 2 [m]:                Null
16:12:17.275 ->
16:12:17.275 ->
☑自動スクロール ☑タイムスタンプを表示   LFのみ   9600 bps   出力をクリア
```

図14-21　0x77の場合

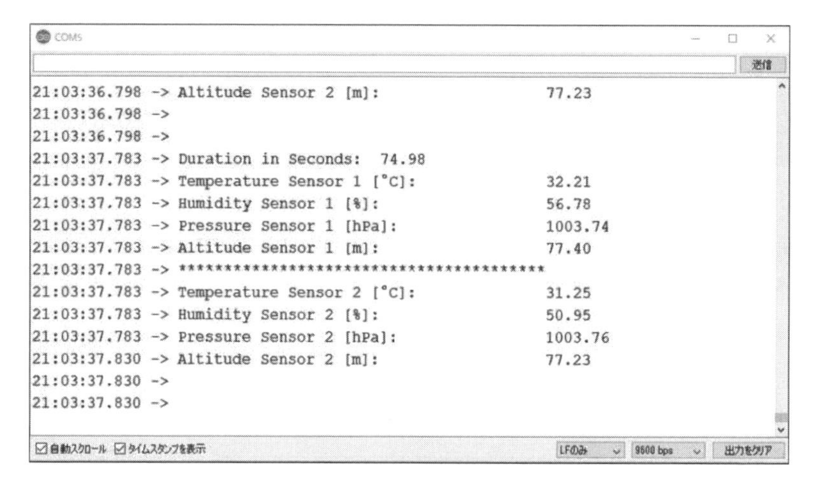

図14-22　両素子の場合

第15章

「サーボ・モータ」(SG90)について

**図15-1はTower Pro社の「SG90」マイクロサーボです。
このモータを使って回転角の制御など調べてみましょう。**

15-1 サーボ・モータ

ここで取り上げる「サーボ・モータ」ですが、通常、「モータ」と言えば、回転力を動力として回転軸にギヤやプーリーなどを取り付けて物を滑らかに動かしたり、車輪を付けて走行したり、羽根を付けて換気やゴミを吸引したりと、家庭用電化製品から製造工場までなくてはならないものです。

＊

「決められた位置に素早く正確に移動」したり、「その位置でブレーキを掛け」たり、「アームを人の動きのとおりに動かして追従」したりするとなると、「センサ」などの検出器の情報を「制御理論」などの助けを借りて「システム化」しなければなりません。

「サーボ」の語源は、ラテン語の「Scrvus」(英語のSlave：奴隷)に由来していて、忠実に指示通りに機能することが重要なポイントになります。

特に、決められた位置に素早く正確に移動し、再び逆転して元に戻る、という運動を繰り返すことが頻繁に起こり、長期安定に稼働するとなるとモータ自身の耐久性も問題になってきます。

ここでは、安価でそこそこ使い勝手の良い「サーボ・モータ SG90」を取り上げてみました。

「SG90」の仕様

仕様：
重量：9g
寸法：22.2×11.8×29mm
ストール・トルク：1.8kgf / cm (4.8v)
ギア・タイプ：POMギアセット
動作速度：0.12秒/60degree(4.8v)
動作電圧：4.8v
温度範囲：0℃－55℃
デッドバンド幅：1us
電源：外部アダプタを介して
サーボ・ワイヤー長：25 cm
サーボ・プラグ：JR (JRおよび双葉に適合)

図15-1 「サーボ・モータSG90」外観

表15-1 寸法表

Weight(g)	9
Torque(kg)(4.8V)	1.8
Speed(sec/60deg)	0.12
A（mm）	29
B（mm）	22.2
D（mm）	11.8
E（mm）	32.2

また、**図15-2**に寸法図を載せています。

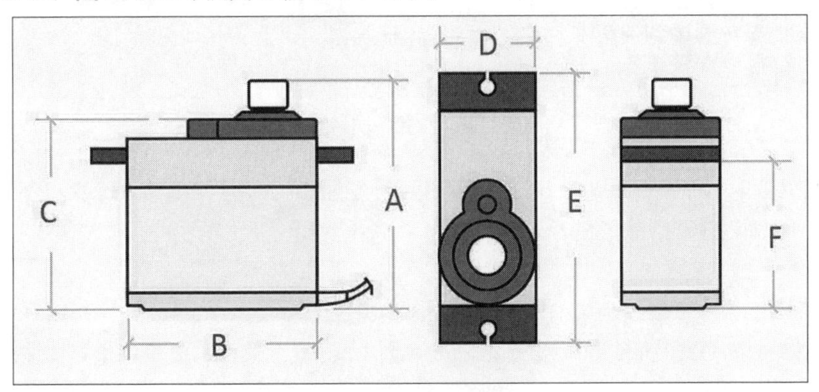

図15-2 SG90寸法図

入手したモータは「SG90アナログ」ですが、同社から「SG90デジタル」も発売しています。

2つの違いが気になるところです。

SG90の参考資料とあるので見ましたが、位置「0」(1.45 msパルス)が中央、「90」(〜2.4 msパルス)が右端まで、「-90」(〜0.5ミリ秒のパルス)が左端まで、と書いてあります。

図15-3は、これを図化してみました。

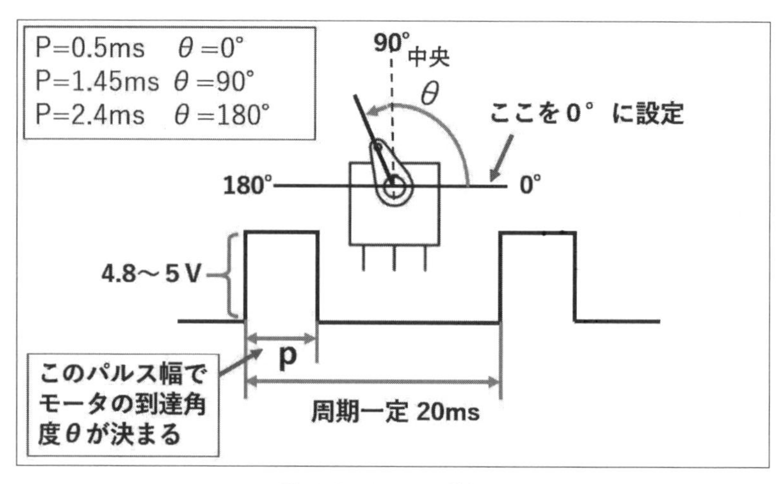

図15-3　SG90の仕組み

この「サーボ・モータ」には信号線(橙色)を通じて、**図15-3**のような「PWM」(パルス幅変調)の波形信号が送られます。

このとき、このパルスの周期は20ms (50Hz) で一定です。

パルスのON時間、図で言うと「pの幅」(ms)で、進む角度が決まります。

そこで、Arduinoから「0～180°」で10°ステップずつ「サーボ・モータ」に信号を送り、そのときの「入力した角度θ」と「波形のON時間p」の値をオシロから読み取り、プロットしたのが**図15-4**です。

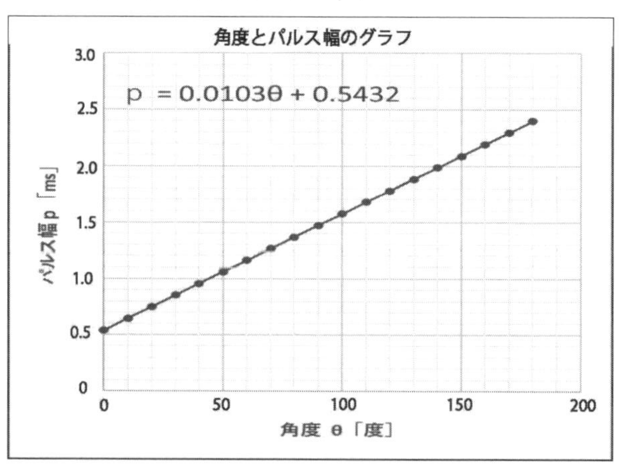

図15-4　「角度」と「パルス幅」のグラフ

グラフに示すように与えた「角度数値θ」と「パルス幅p」はきれいに直線状に乗ります。

このグラフから進みたい角度にモータを動かしたいときは「p [ms]」をいくらにすればよいか分かります。

この測定と同時に、「オシロ」の「波形」を撮ったので**図15-5**に示します。

ほぼ**図15-3**のとおりの結果が出ています。

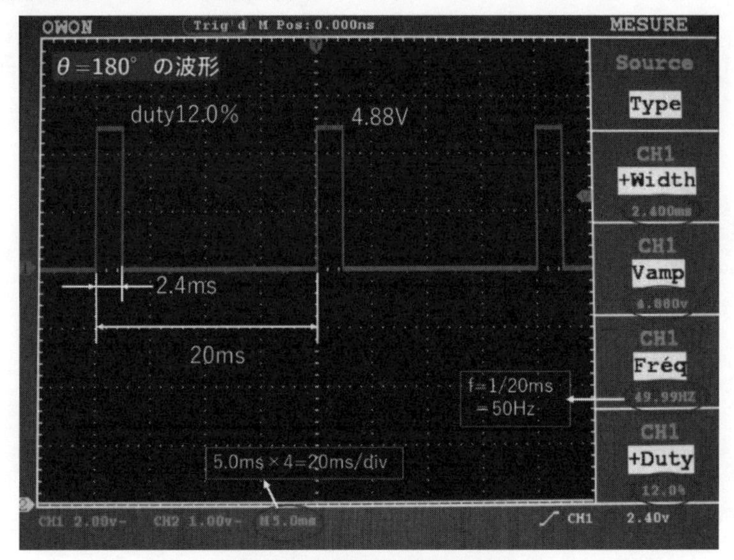

図15-5　角度θが180度の波形

「サーボ・モータ」にたとえば「90°」と指令を出すと、迅速に動いて、その位置で停止します。

オシロ波形をみると「PWM」の波形がそのまま出力されています。

そこで、「サーボ・ホーン」を左右に指で引っ張ったり押したりすると、「ロック」が掛かっていることが分かります。

適度な低い抵抗がないので「電流計」を挟んでみると「2.5〜5mA」程度の電流が流れていることが分かりました。

これを強引に指で動かそうとすると、当然のことながら電流値が増加し、ロックを保持しようと働きます。

そこで、モータに供給の「+5V」を抜いてみると、ロックが解除されます。
しかし、電源をつなぐと元の保持していた位置に迅速に戻り、ロック状態になります。
なかなかよくで出来ています。

モータのケースを外してみると、「ポテンショ・メータ」(可変抵抗器)が入っています。
その軸は2番目の歯車の軸につながっています。
モータに半回転運動をさせるとその回転に追従して軸が回ります。
「可変抵抗器」の両端は「5kΩ」、両端は片方が「+5V」で、もう一方が「GND」です。

可動する端子の電圧は「0°～180°」で「0.44～3.0V」まで変わります。
角度が上がると、電圧も比例して上がります。
このグラフを**図15-6**に示します。

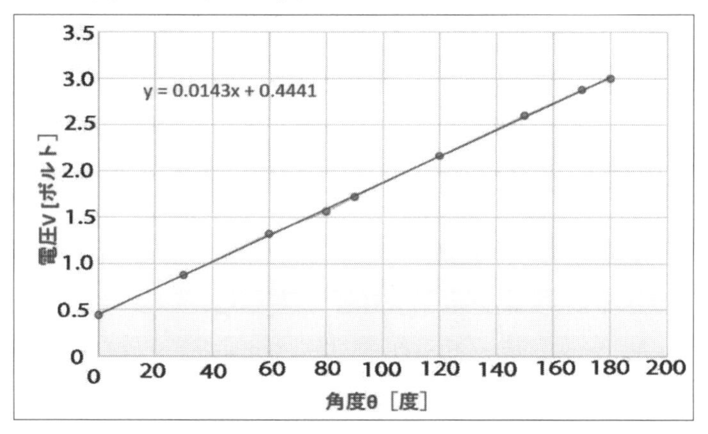

図15-6　角度と電圧のグラフ

また、「DCモータ」は回転が逆にも回りますから、**図15-7**のような「H型ブリッジ回路」が入っていると思います。

参考に図のICはROHM社の「DCブラシモータドライバ」の技術資料で、この中の「**BD6211F**」という品番のICです。

このICを使って小型のモータ(「DCモータ」も「ステッピング・モータ」も)動かしたことがあります。

たとえば図の(b)「正転」モードの場合は、左上のFETにPWMを入れ、右下のFETはON(H)にします。

逆転は右上のFETにPWMを入れ、左下をON(H)にします。
(まだ、他のモードもあります)

*

(d)に「ブレーキ・モード」があります。

下の左右のFETを同時ONにして回転しているモータを急速に停止したい場合に使います。

回路をショートさせて急速に電流を消費するモードです。

多分このようなICが使われていると思います。

「ロック」時は、「正逆回転」が交互にONとOFFを繰り返しているのでは、と思います。

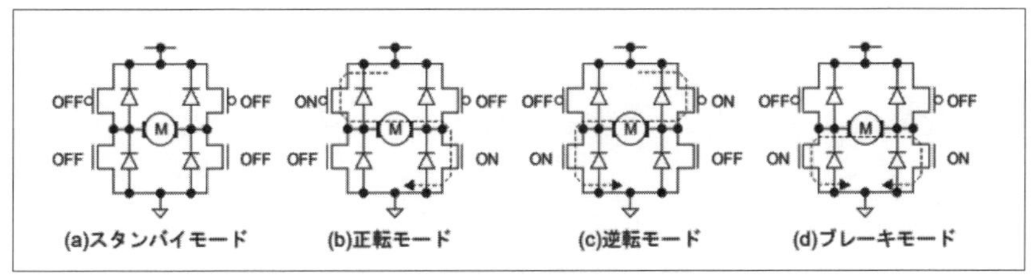

図15-7　DCモータドライバーIC

図15-8は、このICを指に乗せた写真です。

基板への半田付けは難しいです。

図15-8　指に乗せたIC

この「サーボ・モータ」が、たとえば「160°」で停止したとします。

次に「30°」に指定するとモータは逆回転して原点の「0°」にいったん帰り、「30°」のほうへ動きます。

そうすると、Arduinoからは、「PWM」の「ON時間幅」が「増加」したか「減った」かしか分からないわけです。

ですから、「PWM波形」から「平均電圧」のような数値に変換して判断しているように思います。

＊

「角度θ」を与えたとき、「パルス幅p」は、すでに

$$p = 0.0103\theta + 0.5432 \quad \cdots\cdots (式1)$$

と導きました。

この「p値」から「デューティ比」を出し、「5V」を掛けると、「平均電圧」らしきものが出ます。

その値を「Vp」とすると、

$$Vp = p\,(ms) / 20(ms) \times 5(V) = 0.002575\theta + 0.1358 \quad \cdots\cdots (式2)$$

となります。

この(式2)が、「θ」を与えたときの「PWM波」の「平均化した電圧」です。

＊

一方、「ポテンショ・メータの電圧Vr」は、

$$Vr = 0.0143\theta + 0.444 \quad \cdots\cdots (式3)$$

となります。

「Vp」と「Vr」が一致すれば、角度制御ができたことになります。

そこで、(式2)と(式3)は電圧で何倍違うか見ると、

「0.0143 / 0.002575」＝「5.55倍」違います。

もし、「PWM波」を平均化した電圧をオペアンプで「5.55倍」すると、(式2)は、

$$Vp2 = 0.0143\theta + 0.754 \quad \cdots\cdots (式4)$$

となります。

出荷前に「0.754－0.444＝0.31V」ぶんを差し引くことができたら(式3)と(式4)はまったく同じになります。

たとえば、「可変抵抗」のスタート時点を「0.31V角度」ぶんいったところからにすれば簡単です。

つまり、「PWM」の「波形」から「直流電圧」を作るのがどの方法をとっても、「y＝αx+β」になればオペアンプで「α=0.0143」になるように「増幅度」を調整し、そのしわ寄せがくる「β」は最初にどこかで下駄を履かせれば何とか割安で制御ができそうな感じがします。

Arduinoからの指令が出た「θ」は(式4)で「Vp2」という「目標電圧」となり、今いる位置の電圧は「Vr」となります。

ΔV ＝ Vp2（目標値）－ Vr（現在位置の値）　・・・・（式5）

とすれば、「ΔV」が正の値ならばモータを「正転」させながら「ΔV」を「コンパレータ」でチェックします。

逆に「ΔV」が「負」ならば、逆転させます。

差が大きければ「ΔV」も大きく、一気にモータが動くことになります。

「ΔV」が「±d」という目標近傍になったときはモータ駆動の「H回路」を「ブレーキ・モード」に変えて「停止」ということも考えられますが、論理素子だけで構成されているので、面倒なことは困難かもしれません。

いちばん問題なのは、この「PWM波」は、最初に「ONタイム」があり、残りの90%は「OFFタイム」です。

いわば“偏ったPWM波”です。

これで直流ができるのか、と思いましたが、「パルス幅を電圧に変換する回路」と題してJames Mahoney(米Linear Technology社)氏が記事を公開しています。

ここに、「今回示した例は、パルス幅が1ms～2msで周期が25msと「デューティ比」が低い、「正のパルス信号」を直流電圧に変換する、というものである。」とあり、以下、回路図に基づいて解説があります。

グラフには、パルス幅「0.5ms(2.75V)～2.5ms(1.25V)」で書いてあります。

何かピッタリで、ビックリしました。

オペアンプ2個と「アナログ・スイッチ」4個(ただし1パック)で、高い直線性を示しています。

最後に、「この回路は、パルス幅に対して動作するものであり、デューティ比に対して動作するものではない。」とあります。

精度を少し落としてもっとシンプルな回路にできそうに思えますし、他にも面白い回路があるかもしれません。

15-2 プログラムについて

まず、Arduinoとの接続です。

信号線は、「~」マークのピンにつなぎます。

「analogWrite(pin, value)」という関数で「PWM」を発生します。

pin: 出力に使うピンの番号
value: デューティ比(0から255)

「指定したピン」から「アナログ値」(PWM波)を出力します。

「LEDの明るさ」を変えたいときや、「モータの回転スピードを調整したいとき」に使えます。

「PWM信号」の周波数は「約490Hz」です。

ただし、「Uno」の5、6番ポートと「Leonardo」の3、11番ピンは約980Hzで出力します。

「Uno」のようにATmega328Pを搭載している「Arduino」ボードでは、デジタルピン3、5、6、9、10、11でこの機能が使えます。

「Leonardo」は「デジタルピン13」も「PWM対応」です。

「analogWrite()」の前に「pinMode()」を呼び出してピンを出力に設定する必要はありません。

そこで、下記のプログラムを実行すると、「1周期2.04ms」「パルス幅0.24ms」となり、「0点」に戻ります。

```
void setup(){
}
void loop(){
  analogWrite(9, 30);
}
```

このようにプログラムすると、「0.56ms」と「1.28ms」を往復し、「0〜60°」くらいを可動します。

これを、「9ピン」(490Hz)を「3ピン」(980Hz)に変えると周波数が高くなったぶん数値を大きくしなければならず、可動範囲は狭まります。

結論として、単純に「アナログ出力」で、「PWM」を作っても、今回のモータは「50Hz」の周期で「0.5〜2.4ms」の範囲ですから、制御が難しいことが分かります。

```
void setup(){
}

void loop(){
  analogWrite(9, 70);
  delay(1000);
  analogWrite(9,160 );
  delay(1000);
}
```

■「サーボ・モータ」の「ライブラリ」

この「ライブラリ」は「RCサーボ・モータ」のコントロールに用います。

標準的なサーボでは「0」から「180度」の範囲で「シャフトの位置」(角度)を指定します。

「連続回転」(continuous rotation)タイプの場合は、「回転スピード」を設定します。

プログラムの冒頭に「# include <Servo.h>」として、置きます。

「Servoライブラリ」はほとんどのArduinoボードで最大12個のサーボをサポートします。

「Arduino Mega」においては、最大48個です。

Mega以外のボードでは、「ピン9」と「10」の「PWM」機能が無効になります。

「Mega」では、「12個」までなら「PWM機能」に影響せず、それ以上のサーボを使う場合は、「ピン11」と「12」の「PWM」が無効になります。

表15-2 「Arduino サーボ・モータ用ライブラリ」の関数

<table>
<tr>
<td>1.</td>
<td>attach(pin)

【構文】<pre><code>servo.attach(pin)
servo.attach(pin, min, max)</code></pre>【パラメータ】
servo: Servo型の変数
pin: サーボを割り当てるピンの番号
min (オプション): サーボの角度が0度のときのパルス幅(マイクロ秒). デフォルトは544
max (オプション): サーボの角度が180度のときのパルス幅(マイクロ秒). デフォルトは2400</td>
<td>サーボ変数をピンに割り当てます。

サーボをピン9に接続する例です。<pre><code>#include <Servo.h>
Servo myservo;
void setup() {
  myservo.attach(9);
}
void loop() {}</code></pre></td>
</tr>
<tr>
<td>2</td>
<td>write(angle)

【パラメータ】
servo: Servo型の変数
angle: サーボに与える値(0から180)</td>
<td>サーボの角度をセットし、シャフトをその方向に向けます。
連続回転(continuous rotation)タイプのサーボでは、回転のスピードが設定されます。0にするとフルスピードで回転し、180にすると、反対方向にフルスピードで回転します。90のときは停止します。

【例】
ピン9に接続されたサーボを90度にセットします。<pre><code>#include <Servo.h>
Servo myservo;
void setup() {
  myservo.attach(9);
  myservo.write(90);
}
void loop() {}</code></pre></td>
</tr>
</table>

3.	writeMicroseconds(uS) **【戻り値】** なし **【パラメータ】** μS: マイクロ秒 (int)	サーボに対しマイクロ秒単位で角度を指定します。 標準的なサーボでは、1000で反時計回りにいっぱいまで振れます。 2000で時計回りいっぱいです。500が中間点の値です。 製品によっては、この範囲に収まらず700〜2300といった値を取るものもあります。 パラメータを増減させて端の位置を確認するのはかまいませんが、サーボから唸るような音がしたら、それ以上回すのはやめておきましょう。 連続回転タイプのサーボでは、「write()関数」と同様に作用します。
4.	read() **【パラメータ】** なし **【戻り値】** サーボの角度(0度から180度)	現在のサーボの角度(最後にwriteした値)を読み取ります。
5.	attached() **【パラメータ】** なし **【戻り値】** サーボが割り当てられているときはtrue, そうでなければfalseを返します.	ピンにサーボが割り当てられているかを調べます。
6.	detach() **【パラメータ】** なし **【戻り値】** なし	ピンを解放します。 すべてのサーボを解放すると、ピン9とピン10をPWM出力として使えるようになります。

[演習1]

実際に「SG90サーボ・モータ」を動かしてみましょう。

オシロで見ても、周期20msで、0.54〜2.09msを往復します。
スケッチは「0°」と「150°」を往復します。

delayに2000ms (2秒) としているのは、目標まで1秒かからないで到達しますが、ここで少し時間を待って、次の動作に移行させようと思ったからです。

目的点に着いて止めておいてもモータはその位置を保持するためにブレーキを掛けた状態です。

また、「write (θ)」を入れる場合、毎回原点(0°)からの角度となります。

150°の位置にあるので+10°足してと思ってwrite(10)しても、0°からスタートしての10°です。

よってこの場合は160°を入れなければなりません。

「loop()」の中に「read」を入れると、現在のサーボの角度(最後にwriteした値)を読み取ります。

```
void loop(){
  int k;
  servo.write(0);
  delay(2000);
  servo.write(150);
  k = servo.read();
  Serial.println(k);
  delay(2000);
}
```

```
.254 -> 150
.239 -> 150
.241 -> 150
.261 -> 150
.265 -> 150
```

図15-9 プログラムの実行結果

0°～150°往復運動

```
#include <Servo.h>                   ①
const int ServoPin = 3;              ②
Servo servo;                         ③

void setup()
{
  servo.attach(ServoPin);            ④
}

void loop() {
  servo.write(0);                    ⑤
  delay(2000);
  servo.write(150);                  ⑥
  delay(2000);
}
```

[プログラム解説]

①「Serv.h」はservoライブラリを使うので必要です。

②PWM波形を出力するため「3ピン」を使うことにしました。

③Servoのモータ制御の関数や変数を実際に動作させるため「servo」という名前で作成する。

④「サーボ・モータ」を初期化し、インスタンス名「servo」の「attach ()」関数で、で端子番号3ピンを接続したことなど指定する。

⑤インスタンス「servo」で書き込む関数「write」で、モータを動かす角度「0°」とした。

⑥次に「150°」までモータを回転させ、停止する。
2秒程度留まって、冒頭に戻り、「0°」まで逆回転する。
　以下、同じことを繰り返す。

　少し、ゆっくり「サーボ・ホーン」を動かしたいときは、目標角度まで1～3ステップで動かせば、緩やかな動きをします。

0°～150° slow-moving

```
#include <Servo.h>
const int ServoPin = 3;
int k = 0;
Servo servo;

void setup()
{
  servo.attach(ServoPin);
}

void loop(){
  for(k = 0; k < 180; k+=1){
    servo.write(k);
    delay(20);
  }
  for(k = 180; k > 0; k -=3){
    servo.write(k);
    delay(30);
  }
  delay(3000);
}
```

[演習2]

「Servoライブラリ」の中に「writeMicroseconds()」という関数があります。
これについて調べ、ソフトで制御できるか試してみましょう。

「writeMicroseconds()」は、サーボに対し「マイクロ秒」単位で角度を指定します。
標準的なサーボでは、「1000」で反時計回りにいっぱいまで振れます。
「2000」で「時計回り」いっぱいです。
「1500」が中間点の値です。
パラメータを増減させて端の位置を確認するのはかまいませんが、サーボから唸るような音がしたら、それ以上回すのはやめておきましょう。

連続回転タイプのサーボでは、「write()関数」と同様に作用します。
そこで、上記の文面を読んでもよく分からないので、簡単なプログラムを書いて確かめることにしました。

0～180° writeMicroを使って確かめる

```
#include <Servo.h>
Servo ttservo;                  //Servoのためインスタンスttservo 作成

void setup()
{
  ttservo.attach(3);            //sarvo変数にデジタル3ピンを割り当てる
}
void loop() {
  ttservo.writeMicroseconds(2400);  //( )の中に数値いれて振れ角調べる
}                               // 2400μsなので2.4msである
```

たとえば「0」を入れると、パルス幅は「0.54ms」となり、周期は「20ms」となって、「0°」を指します。

「90°」のため「1.45ms(1450)μs」を入れるときれいに「1.45ms」となり、「90°」を指します。

「180°」も同じくそのとおりでした。

*

そこで、連続的に動かすため、「for文」を使ってプログラム作りました。
時間待機のため、「delay()」が必要ですが、「writeMicroseconds()」の影響か使えないので、「delayMicroseconds()」を使いました。

delayMicroseconds(μs)
プログラムを指定した時間だけ一時停止する。
単位は「マイクロ秒」です。
数千マイクロ秒を超える場合は「delay関数」を使ってください。
現在の仕様では、「16383マイクロ秒」以内の値を指定したとき、正確に動作します。
この仕様は将来のリリースで変更されるはずです。

μs: 一時停止する時間。
単位は「マイクロ秒」。
1マイクロ秒は1ミリ秒の1/1000 (unsigned int)。

そこで、「delayMicroseconds(1000);」で、「1000μs」つまり、「1ms」とし、これを「for文」で2000回繰り返すと、単純に「2秒」となる、というやり方を使いました。

プログラムは、まず「0°約2秒」、そして「180°回し6秒待機」、振出しに、としました。

0～180°　writeMicroを使う

```
#include <Servo.h>
Servo ttservo;

void setup()
{
  ttservo.attach(3);
}

void loop() {
  ttservo.writeMicroseconds(0);
  for(int k=0; k<2000; k++)
    delayMicroseconds(1000);

  ttservo.writeMicroseconds(2400);
  for(int k=0; k<3000; k++)
    delayMicroseconds(2000);
}
```

索引

数字・記号順

アルファベット順

《A》

《B》

《C》

《D》

《F》

《G》

《I》

《L》

五十音順

■著者略歴

竹田　仰（たけだ・たかし）

1948年	山口県萩市生まれ
1972～82年	九州松下電器　開発研究所　勤務
1991年	長崎大学　大学院　博士課程了
2005年から	九州大学　大学院　芸術工学研究院　教授
2010～12年	九州大学　総合研究博物館　館長（兼任）

バーチャルリアリティ研究。工学博士。九大名誉教授。

[主な著書]

「パソコン計測・制御の実験と製作」工学社、1983
「標準C言語入門」工学社、1991
「C言語Q&A（改訂版）」工学社、1992

本書の内容に関するご質問は、
①返信用の切手を同封した手紙
②往復はがき
③ FAX (03) 5269-6031
（返信先の FAX 番号を明記してください）
④ E-mail　editors@kohgakusha.co.jp
のいずれかで、工学社編集部あてにお願いします。
なお、電話によるお問い合わせはご遠慮ください。

サポートページは下記にあります。

[工学社サイト]
http://www.kohgakusha.co.jp/

I/O BOOKS

「Arduino」ではじめる電子工作と実験

2020年9月1日　初版発行　ⓒ2020

著　者　竹田　仰
発行人　星　正明
発行所　株式会社工学社
〒160-0004 東京都新宿区四谷 4-28-20 2F
電話　(03) 5269-2041（代）［営業］
(03) 5269-6041（代）［編集］
振替口座　00150-6-22510

※定価はカバーに表示してあります。

印刷：シナノ印刷（株）

ISBN978-4-7775-2119-7